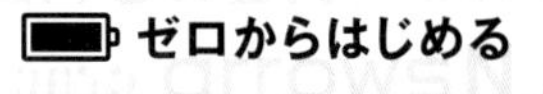

arrows N

アローズ エヌ

スマートガイド

ドコモ arrows N F-51C

技術評論社編集部 著

技術評論社

CONTENTS

Chapter 1 arrows N F-51C のキホン

Chapter 2 電話機能を使う

Chapter 3
インターネットとメールを利用する

Chapter 4
Google のサービスを使いこなす

CONTENTS

Chapter 7
F-51Cを使いこなす

ご注意：ご購入・ご利用の前に必ずお読みください

●本書に記載した内容は、情報の提供のみを目的としています。したがって、本書を用いた運用は、必ずお客様自身の責任と判断によって行ってください。これらの情報の運用の結果について、技術評論社および著者、アプリの開発者はいかなる責任も負いません。

●ソフトウェアに関する記述は、特に断りのない限り、2023年3月現在での最新バージョンをもとにしています。ソフトウェアはバージョンアップされる場合があり、本書での説明とは機能内容や画面図などが異なってしまうこともあり得ます。あらかじめご了承ください。

●本書は以下の環境で動作を確認しています。ご利用時には、一部内容が異なることがあります。あらかじめご了承ください。
端末：arrows N F-51C（Android 12）
パソコンのOS：Windows 11

●インターネットの情報については、URLや画面などが変更されている可能性があります。ご注意ください。

以上の注意事項をご承諾いただいたうえで、本書をご利用願います。これらの注意事項をお読みいただかずに、お問い合わせいただいても、技術評論社は対処しかねます。あらかじめ、ご承知おきください。

Chapter 1

arrows N F-51Cの キホン

Section 01

arrows N F-51C について

arrows N F-51Cは、NTTドコモから発売された富士通製のスマートフォンです。Googleが提供するスマートフォン向けOS「Android」を搭載しています。

1

F-51Cの各部名称を覚える

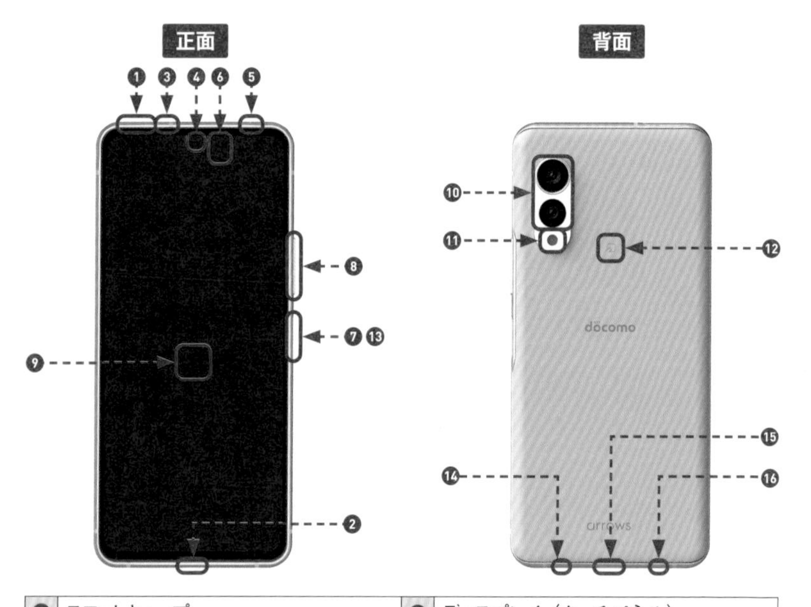

❶	スロットキャップ	❾	ディスプレイ（タッチパネル）
❷	ステレオイヤホン端子	❿	アウトカメラ
❸	受話口	⓫	フラッシュ／ライト
❹	インカメラ	⓬	FeliCaマーク
❺	セカンドマイク	⓭	指紋センサー
❻	照度センサー／近接センサー	⓮	スピーカー
❼	電源キー	⓯	USB Type-C接続端子
❽	音量キー	⓰	送話口／マイク

F-51Cの特徴

F-51Cは、高速通信に対応したAndroid OS 12搭載のスマートフォンです。従来の携帯電話のように、通話やメール、インターネットなどを利用できるだけでなく、NTTドコモやGoogleが提供する各種サービスとの強力な連携機能を備えています。泡タイプのハンドソープで本体をまる洗いすることもできます。なお、本書では同端末をF-51Cと型番で表記します。

●広角（標準）と超広角のデュアルカメラ搭載

F-51Cのカメラは5030万画素の広角レンズのほか、810万画素の超広角レンズの2つのカメラを搭載しているため、従来のカメラよりも奥行のある広い視野の写真を撮影できます。

●使いやすいシンプルモード

ホーム画面の文字やアイコンが大きくなる、「シンプルモード」を選択することができます（Sec.50参照）。スマホがはじめての人にピッタリです。

●5Gに対応

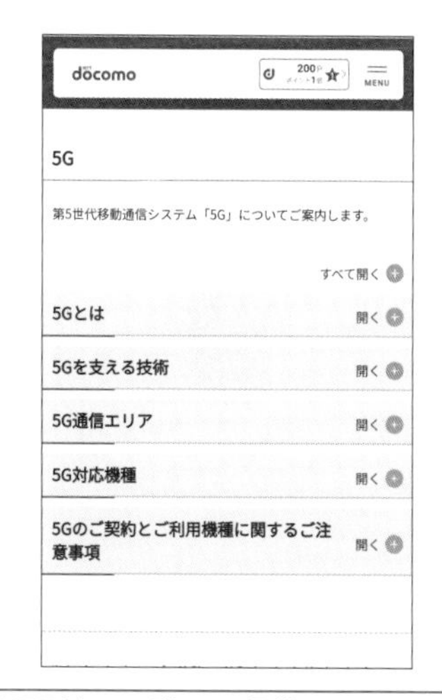

NTTドコモが5Gを提供しているエリア内であれば、通信速度が高速になり、遅延なども少なくなります。

Section 02

ロックの解除と電源のオン／オフ

電源の状態にはオン、オフ、スリープの3種類があり、すべて電源キーで切り替えが可能です。一定時間操作しなかった場合は、自動でスリープモードに移行します。

1

ロックを解除する

① 端末側面の電源キーを押します。

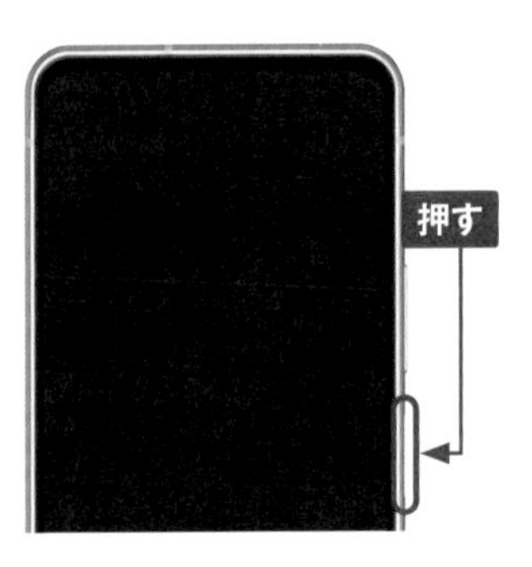

② ロック画面が表示されるので、🔓を上にスワイプします。なお、暗証番号や指紋認証を設定している場合は、画面の指示に従ってください（Sec.53、Sec.55参照）。

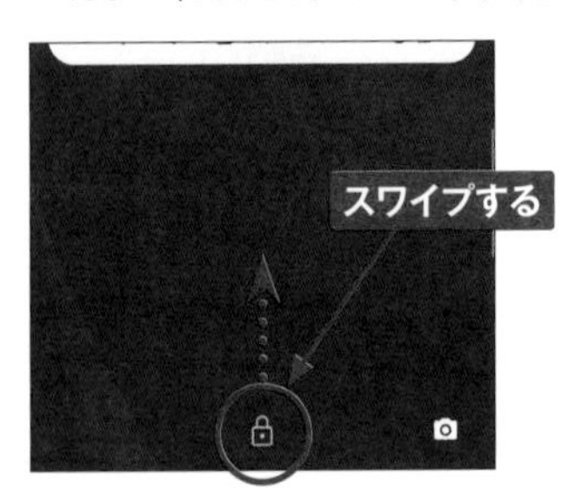

③ ロックが解除され、ホーム画面が表示されます。再度、電源キーを押すと、スリープモードになります。

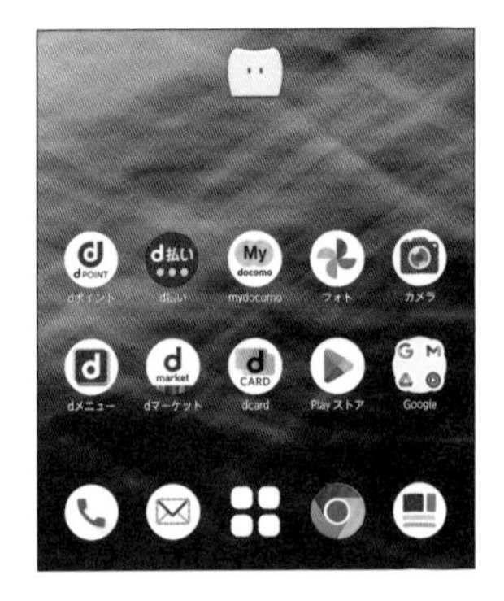

MEMO スリープモード

スリープは画面の表示を消す機能です。電源は入ったままで、すぐに操作を再開することができます。ただし、通信などを行っているため、その分電池を消費してしまいます。電池を消費したくない場合は、電源をオフにしましょう。

電源を切る

1 電源がオンの状態で、電源キーを長押しします。

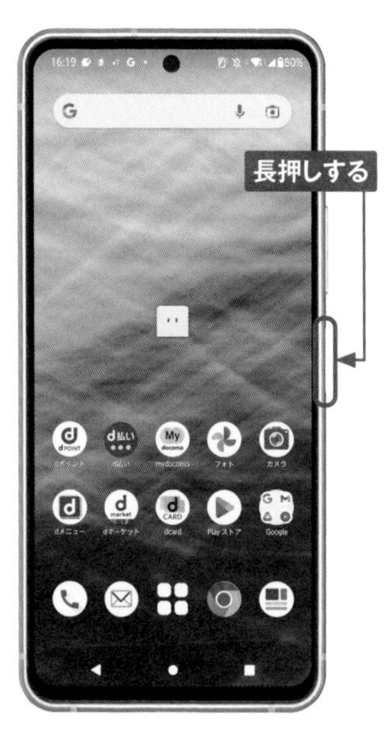

2 メニューが表示されるので、[電源を切る] をタップします。

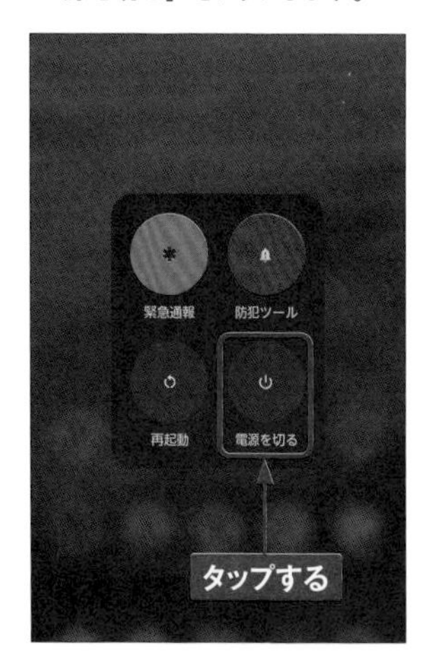

3 確認のダイアログが表示されるので、[OK] をタップすると、完全に電源がオフになります。電源をオンにするには、電源キーを長押しします。

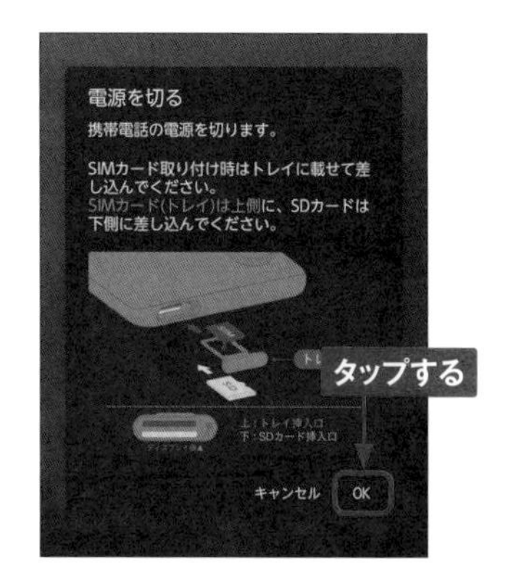

MEMO 端末の再起動

手順②の画面で [再起動] → [OK] をタップすると、端末が再起動します。

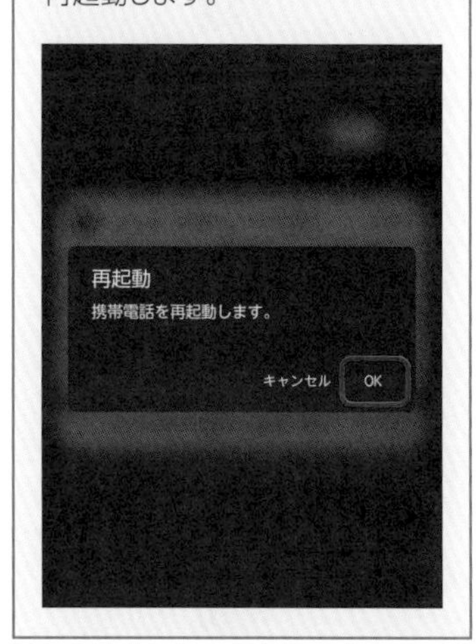

1

Section 03

F-51Cの基本操作を覚える

OS Hardware

F-51Cのディスプレイはタッチパネルです。指でディスプレイをタップすることで、いろいろな操作が行えます。また、本体下部のナビゲーションバーにあるキーの使い方も覚えましょう。

1

ナビゲーションバーの操作

MEMO ナビゲーションバーのアイコンとメニューキー

本体下部のナビゲーションバーにあるアイコンはキーと呼ばれることもあり、基本的にすべてのアプリで共通する操作が行えます。なお、一部の画面ではナビゲーションバーの右側か画面右上にメニューキー⋮が表示されます。メニューキーをタップすると、アプリごとに固有のメニューが表示されます。

ナビゲーションバーのアイコンとそのおもな機能		
◀	バックアイコン	タップすると直前に操作していた画面に戻ります。メニューやステータスパネルなどを閉じることもできます。
●	ホームアイコン	タップするとホーム画面が表示されます。
■	履歴アイコン	タップすると最近使用したアプリが一覧表示され、アプリの終了や切り替えが行えます（P.21参照）。マルチウィンドウを利用中であることを表します。

タッチパネルの操作

タップ／ダブルタップ

タッチパネルに軽く触れてすぐに指を離すことを「タップ」といいます。同操作を2回繰り返すことを「ダブルタップ」といいます。

スワイプ（スライド）

画面内に表示しきれない場合など、タッチパネルに軽く触れたまま特定の方向へなぞることを「スワイプ」または「スライド」といいます。

ロングタッチ

アイコンやメニューなどに長く触れた状態を保つことを「ロングタッチ」といいます。

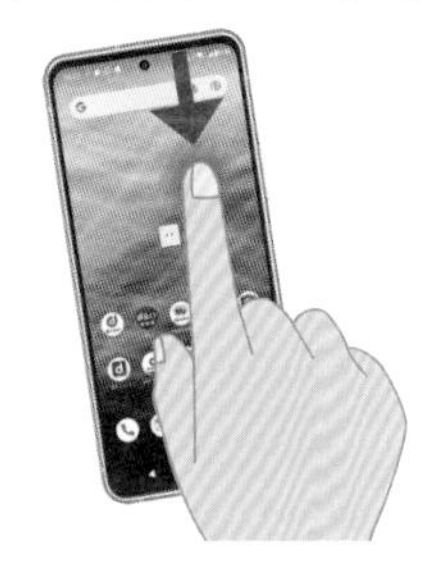

フリック

タッチパネル上を指ではらうように操作することを「フリック」といいます。

ピンチ

2本の指をタッチパネルに触れたまま指を開くことを「ピンチアウト」、閉じることを「ピンチイン」といいます。

ドラッグ

アイコンやバーに触れたまま、特定の位置までなぞって指を離すことを「ドラッグ」といいます。

Section 04

ホーム画面の使い方

タッチスクリーンの基本的な操作方法を理解したら、ホーム画面の見方や使い方を覚えましょう。本書ではホームアプリを「docomo LIVE UX」に設定した状態で解説を行っています。

ホーム画面の見方

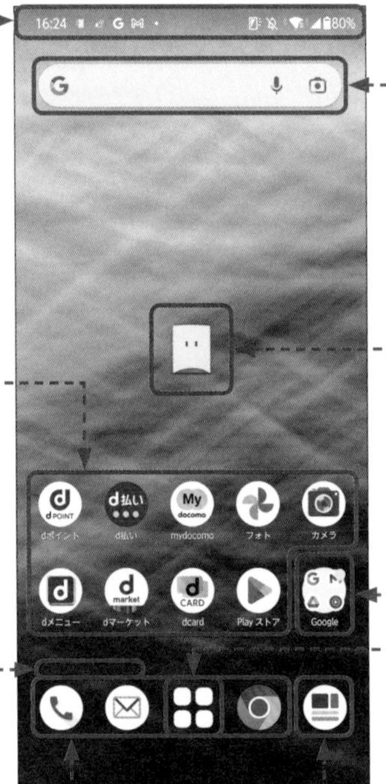

ステータスバー
ステータスアイコンや通知アイコンが表示されます（P.16～17参照）。

ウィジェット
アプリが取得した情報を表示したり、設定のオン／オフを切り替えたりすることができます（P.22参照）。

アプリアイコン
ショートカット
「dメニュー」などのアプリのアイコンが表示されます。

マチキャラ
タップすると、知りたいことに応えてくれます（Sec.41参照）。

フォルダ
アプリアイコンを1箇所にまとめることができます。

インジケーター
現在見ているホーム画面の位置を示しています。ホーム画面を切り替えるときに表示されます。

アプリ一覧ボタン
インストールされているアプリの一覧が表示されます。

ドック
ホーム画面を切り替えても常に同じアプリアイコンが表示されます。

マイマガジン
タップすると、ユーザーが選んだジャンルの記事を表示する「マイマガジン」を利用できます。

ホーム画面を左右に切り替える

① ホーム画面は、左右に切り替えることができます。まずは、ホーム画面を左方向にスワイプします。

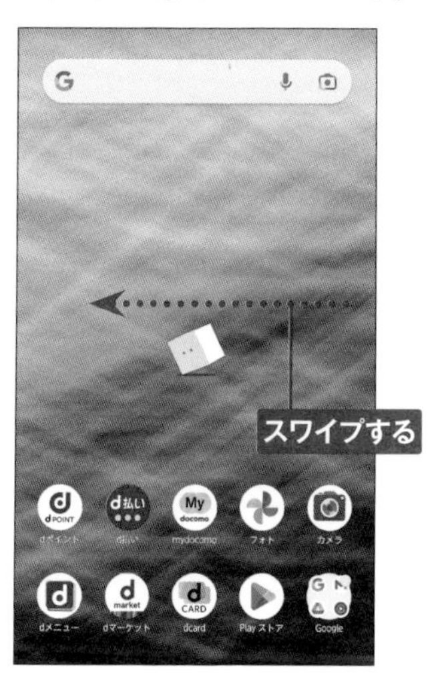

② ホーム画面が、1つ右の画面に切り替わります。

③ ホーム画面を右方向にスワイプすると、もとの画面に戻ります。

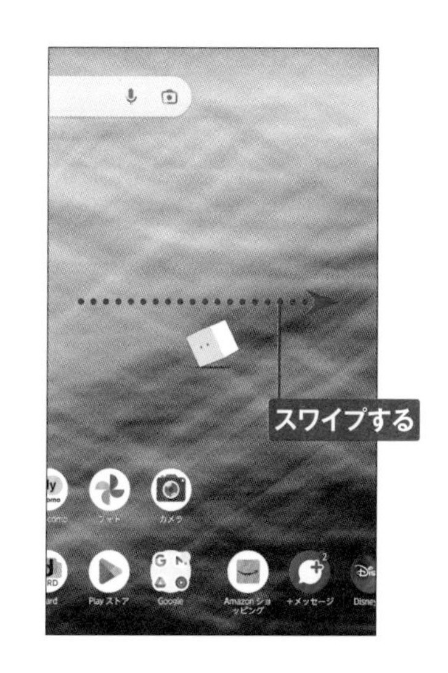

MEMO ホーム画面を上下にスワイプ

ホーム画面を上方向にスワイプすると、マイマガジンボタンをタップしなくても「マイマガジン」を利用することができます。

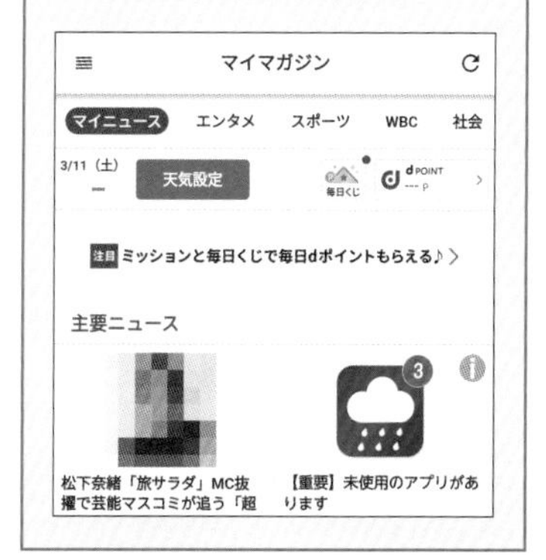

Section 05

情報を確認する

画面上部に表示されるステータスバーからさまざまな情報を確認することができます。ここでは、通知される表示の確認方法や、通知を削除する方法を紹介します。

ステータスバーの見方

16:26 80%

通知アイコン

不在着信や新着メール、実行中の作業などを通知するアイコンです。

ステータスアイコン

電波状態やバッテリー残量など、主にF-51Cの状態を表すアイコンです。

通知アイコン		ステータスアイコン	
	不在着信あり		マナーモード（バイブなし）
	新着ドコモメールあり		持ってる間ON設定中
	新着Gmailあり		電波の種類（通信状況によってアイコンが変化します）
	伝言メモあり		電波の強さ
	新着+メッセージあり		電池の状態
	表示しきれない通知あり		Bluetooth機器接続中

通知を確認する

1 メールや電話の通知、F-51Cの状態を確認したいときは、ステータスバーを下方向にフリックします。

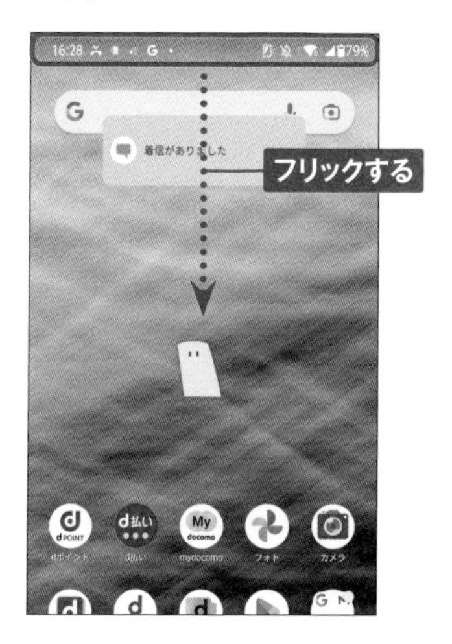

2 通知パネルが表示されます。各項目の中から不在着信やメッセージの通知をタップすると、対応するアプリが起動します。ここでは［すべて消去］をタップします。

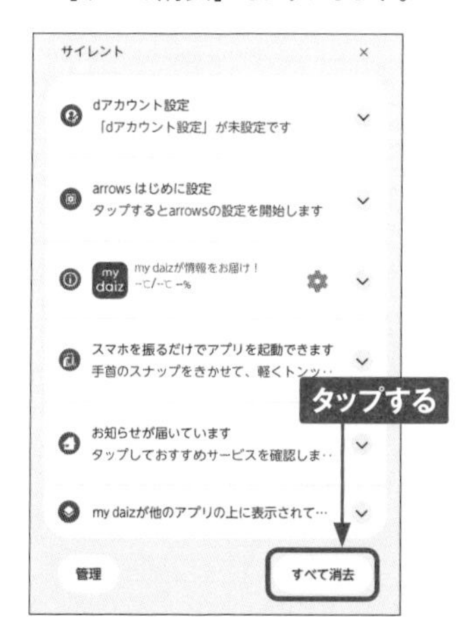

3 通知パネルが閉じ、通知アイコンの表示も消えます（削除されない通知アイコンもあります）。なお、通知パネルを上方向にフリックするか、◀をタップすることでも、通知パネルが閉じます。

MEMO
ロック画面での通知表示

スリープモード時に通知が届いた場合、ロック画面に通知内容が表示されます。ロック画面に通知を表示させたくない場合は、Sec.51を参照してください。

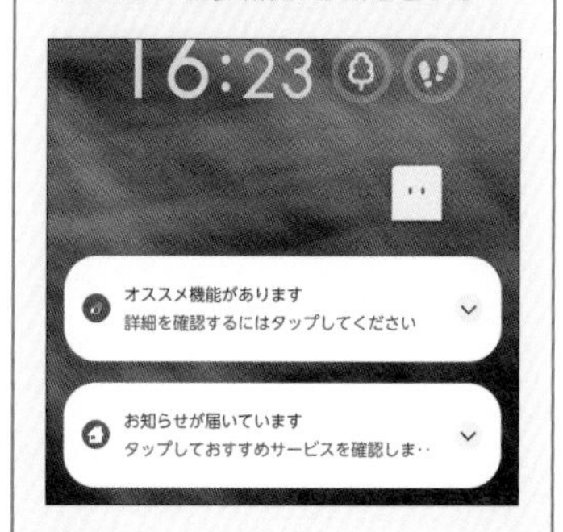

パネルスイッチで設定を切り替える

1 一部の設定は、通知パネルから切り替えることが可能です。ステータスバーを下にフリックします。

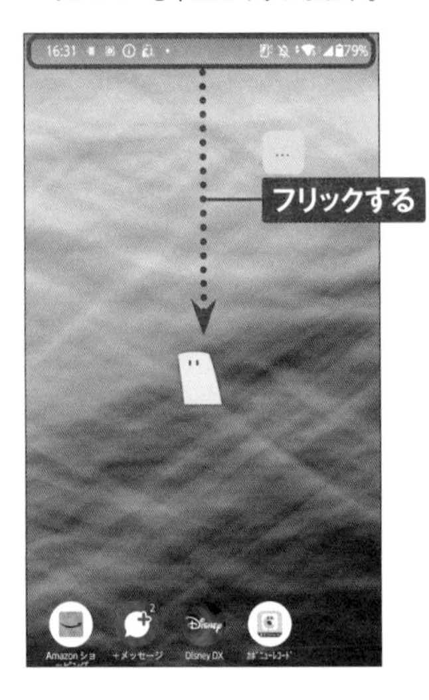

2 通知とパネルスイッチの一部が表示されます。パネルスイッチ部分を下にフリックします。

3 パネルスイッチ部分が広くなります。左右にフリックして、任意のパネルスイッチをタップすると、F-51Cの設定を変更できます。ここでは、[マナー]をタップします。

4 マナーモードがバイブになります。もう一度［マナー］をタップします。

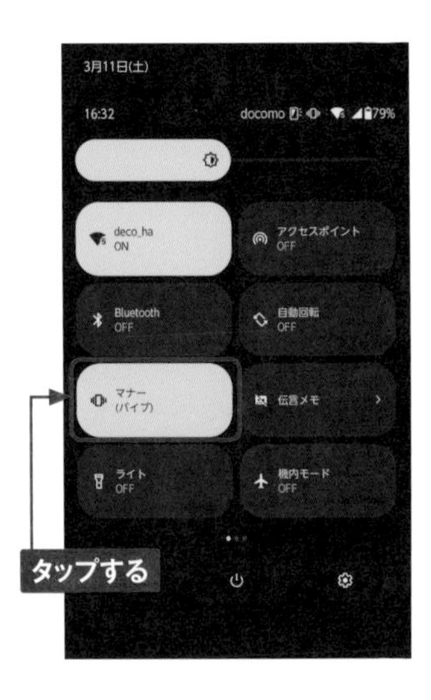

5 マナーモードがミュートになります。もう一度［マナー］をタップすると、マナーモードがオフになります。

6 パネルスイッチ部分を上にフリックすると、手順②の画面に戻ります。もう一度上にフリックすると、通知パネルが閉じます。

●パネルスイッチで管理できる主な機能

	FAST Appドライブの設定		位置情報（P.105参照）のオン／オフ
	はっきり文字のオン／オフ		Bluetooth（Sec.67参照）のオン／オフ
	ブルーライトカットモード（P.175参照）のオン／オフ		マナーモードのオン／オフ
	伝言メモ（P.48参照）のオン／オフ		Wi-Fiテザリング(アクセスポイント)のオン／オフ
	FASTフィンガーランチャーの設定(Sec.55参照)		画面の自動回転のオン／オフ
	バッテリーセーバーのオン／オフ		機内モードのオン／オフ
	ライトのオン／オフ		拡大鏡のオン／オフ
	ニアバイシェアのオン／オフ		ダークモード（P.174参照）のオン／オフ
	Wi-Fi（Sec.65参照）のオン／オフ		画面のキャストのオン／オフ

Section 06

アプリを利用する

アプリ画面には、さまざまなアプリのアイコンが表示されています。それぞれのアイコンをタップするとアプリが起動します。ここでは、アプリの終了方法や切り替え方法もあわせて覚えましょう。

アプリを起動する

① ホーム画面を表示し、アプリ一覧ボタンをタップします。

② アプリ一覧画面が表示されるので、任意のアプリを探してタップします。ここでは、[設定] をタップします。

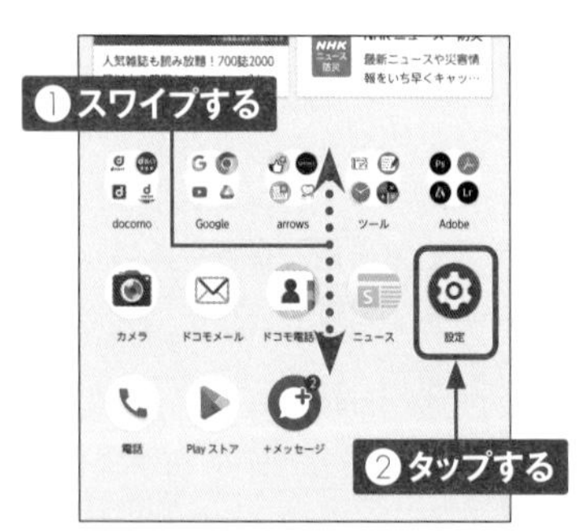

③ 「設定」アプリが起動します。アプリの起動中に◀をタップすると、1つ前の画面(ここではアプリ一覧画面)に戻ります。

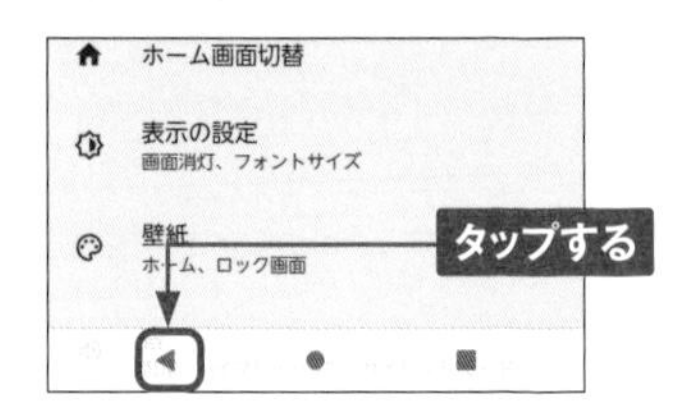

MEMO **アプリのアクセス許可**

アプリの初回起動時に、アクセス許可を求める画面が表示されることがあります。その際は [許可] をタップして進みます。許可しない場合、アプリが正しく機能しないことがあります。

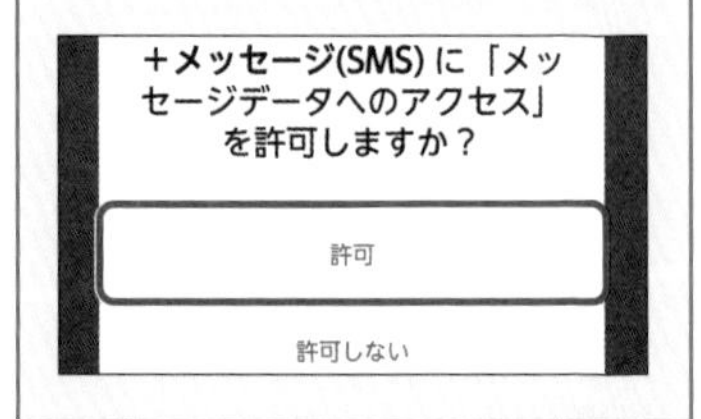

アプリを終了する

① アプリの起動中やホーム画面で■をタップします。

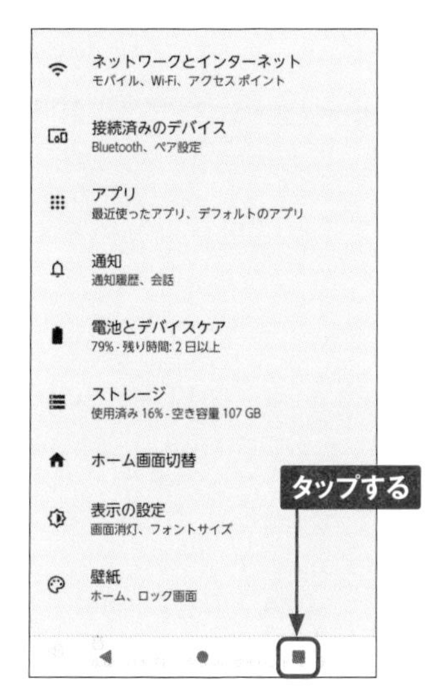

② 最近使用したアプリが一覧表示されるので、終了したいアプリを上方向にスワイプします。

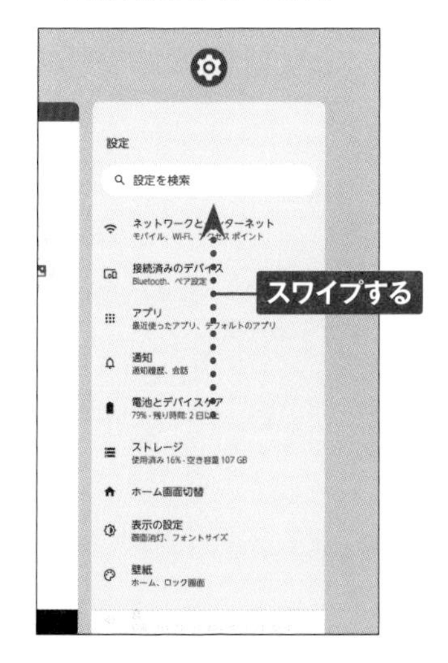

③ スワイプしたアプリが終了します。すべてのアプリを終了したい場合は、右方向にスワイプし、［すべてクリア］をタップします。

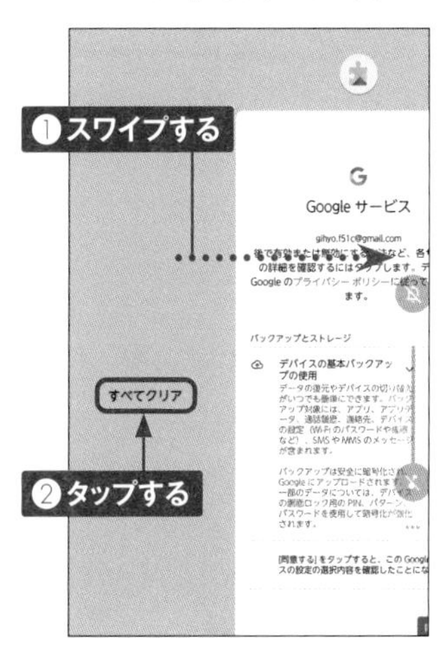

MEMO **アプリの切り替え**

手順②の画面でアプリをタップすると、画面がそのアプリに切り替わります。

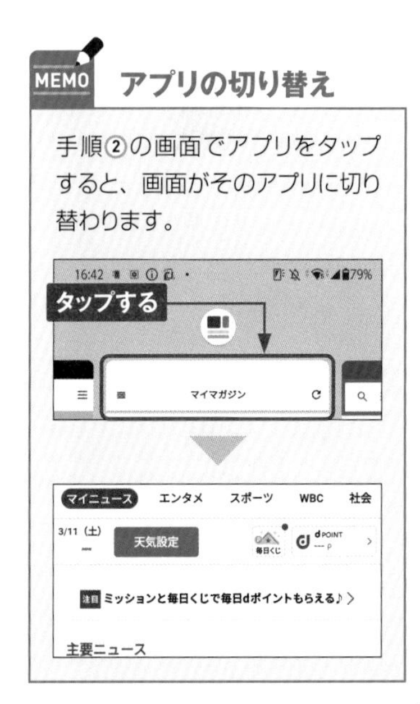

Section 07

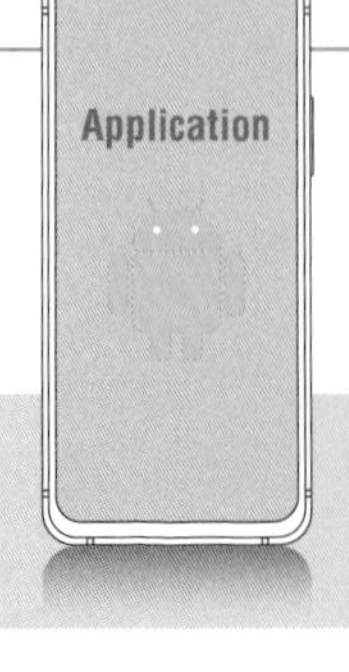

ウィジェットを利用する

F-51Cのホーム画面にはウィジェットを設置できます。ウィジェットを利用することで、情報の閲覧やアプリへのアクセスをホーム画面上からかんたんに行うことができます。

ウィジェットとは

ウィジェットは、ホーム画面で動作する簡易的なアプリのことです。情報を表示したり、タップすることでアプリにアクセスしたりすることができます。F-51Cには標準でさまざまなウィジェットがインストールされており、Playストア（P.98参照）でウィジェットをダウンロードするとさらに多くの種類が扱えます。また、ウィジェットを組み合わせることで、自分好みのホーム画面を作成できます。

ウィジェットを設置すると、ホーム画面で天気や気温、スケジュールなどの情報をチェックできます。

アプリをすばやく起動するためのウィジェットもあります。

ウィジェットを追加する

① ウィジェットを追加したいスペースのある画面を表示し、画面をロングタッチします。

② ［ウィジェット］をタップします。

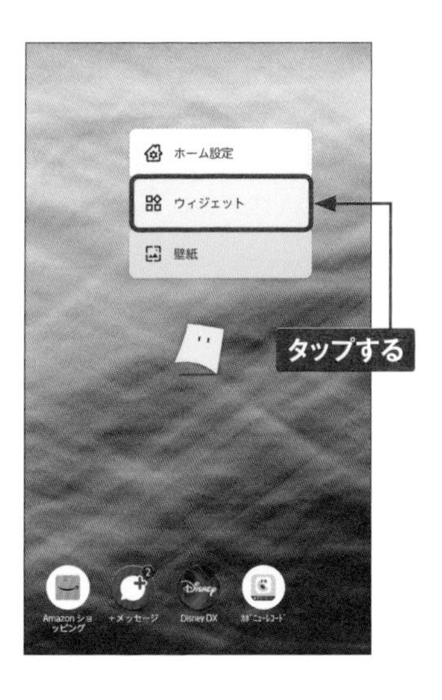

③ ウィジェットが一覧表示されます。アプリ一覧画面を上下にスワイプし、追加したいウィジェットをロングタッチします。

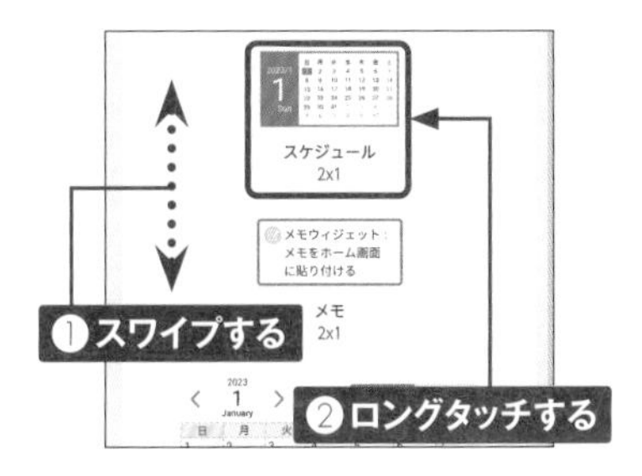

④ 配置したい場所で指を離すと、ホーム画面にウィジェットが追加されます。

MEMO ウィジェットの削除

ウィジェットを削除するには、ウィジェットをロングタッチして［削除］までドラッグします。

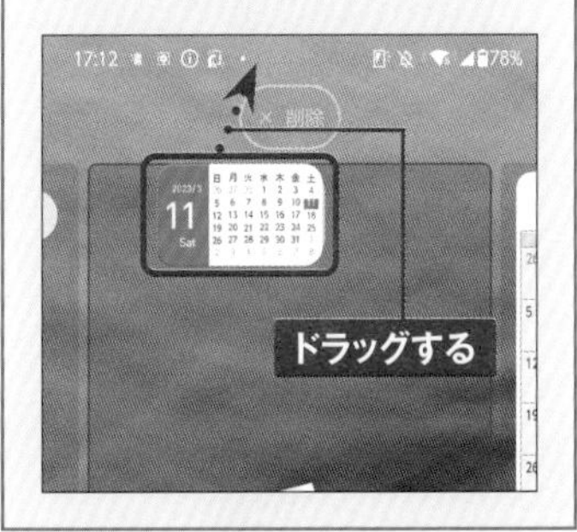

Section 08

文字を入力する

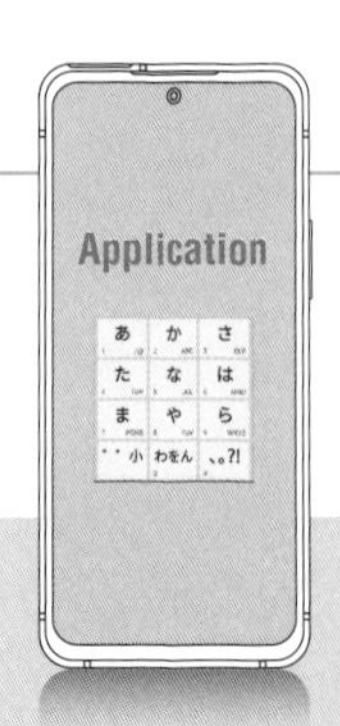

F-51Cには、「テンキーボード」と「QWERTYキーボード」が用意されています。また、「上書き手書き入力」も利用できます。ここでは「メモ」アプリを例に解説します。

1 F-51Cのキーボード

テンキーボード

QWERTYキーボード

MEMO Super ATOK ULTIAS

F-51Cには、変換精度が高く使いやすい日本語入力ソフト「Super ATOK ULTIAS」が搭載されています。「Super ATOK ULTIAS」では、「テンキーボード」と「QWERTYキーボード」の2種類に加え、キーボード上をなぞって入力する「上書き手書き入力」も利用できます。使いやすいキーボード・入力方法を選びましょう。

「上書き手書き入力」を利用する

1 テンキーボードの初期設定では「上書き手書き入力」がオンになっています。入力欄が左右にあり、キーボードの上をなぞって文字を入力します。

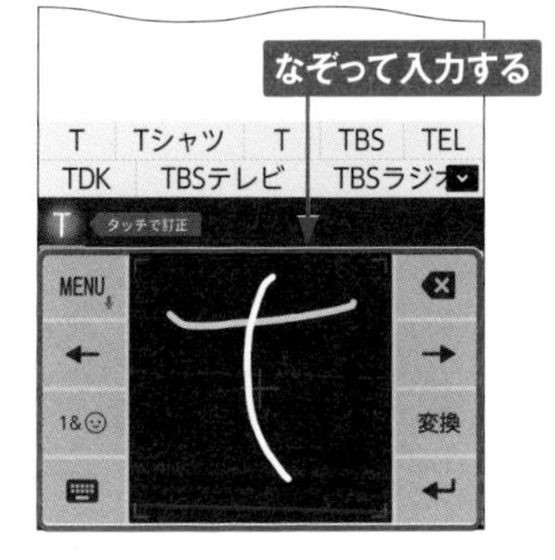

2 訂正したい場合は[タッチで訂正]を、続けて入力したい場合は→をタップします。

3 ↵をタップするか変換候補をタップすると、確定します。文字を削除したい場合は、⌫をタップします。

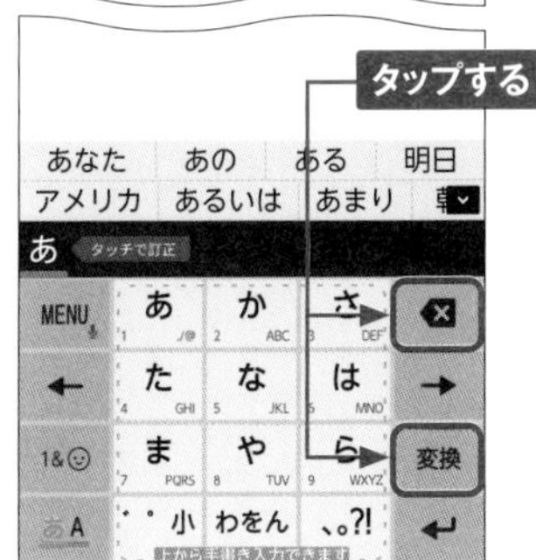

4 をタップすると、「上書き手書き入力」をオフにできます。

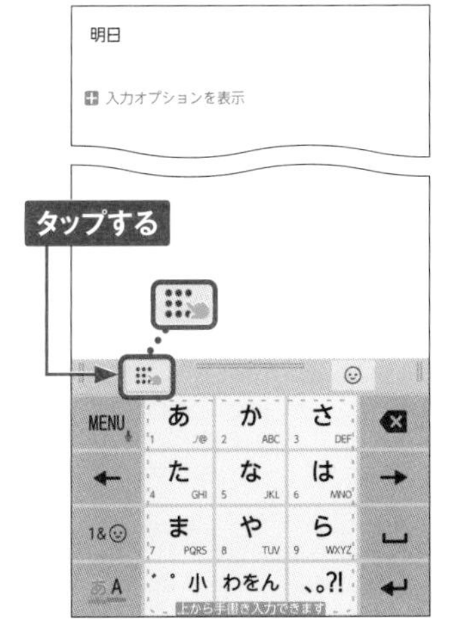

テンキーボードで入力する

●ケータイ入力

① テンキーボードは一般的な携帯電話と同じ要領で入力できます。あを5回→かを1回→さを2回タップすると、「おかし」と入力されます。

② あをタップするごとに「英字」と「かな」に入力が切り替わります。

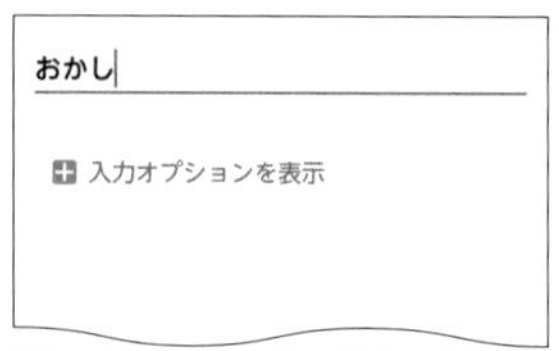

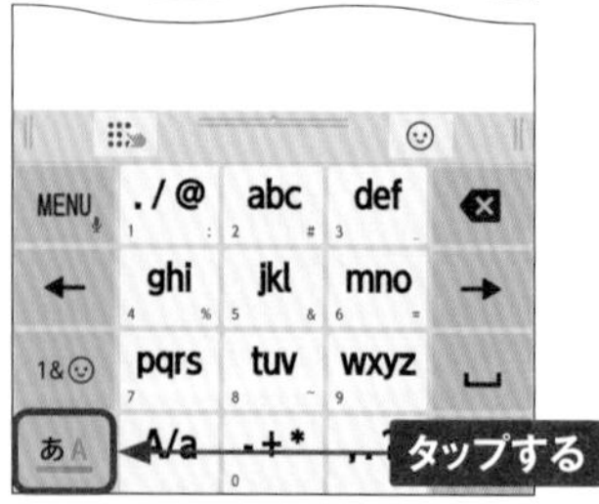

●フリック入力

① 上書き手書き入力がオフのときは、「フリック入力」を行うこともできます。キーに触れたまま、入力したい文字の方向へフリックします。

② フリックした方向の文字が入力されます。ここでは下にフリックしたので、「お」が入力されました。

キーボードを切り替える

1 初期設定では、テンキーボードが表示されます。［MENU］をタップします。

2 ［QWERTYキー］をタップします。

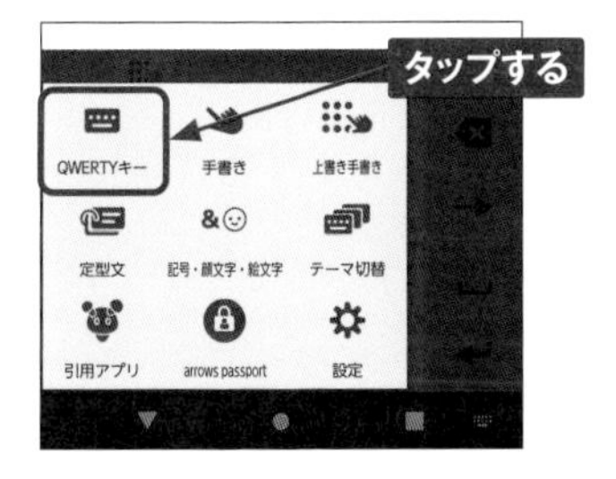

3 QWERTYキーボードが表示されます。

4 「英字」入力のときもQWERTYキーボードを使いたい場合は、あをタップして英字に切り替え、手順①～②を参考にQWERTYキーボードに切り替えます。

音声入力

［MENU］をロングタッチすると、音声入力に切り替わります。許可の設定を行い、「お話しください」と表示されたら、F-51Cに向かって話します。

1

QWERTYキーボードで入力する

1 パソコンのローマ字入力と同じ要領で入力します。変換候補が表示されるので、変換したい単語をタップします。

2 続けて文字を入力し、[変換] をタップしても文字が変換されます。変換候補をもっと表示させたい場合は、⌄をタップします。

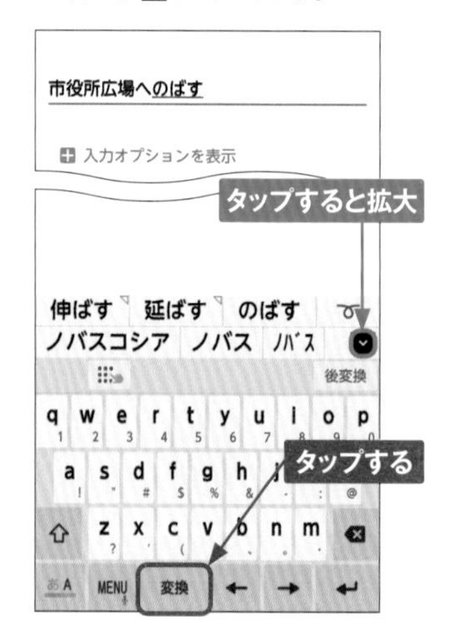

3 ↵をタップすると、手順②でハイライト表示されていた文字の変換が確定します。

4 [変換] をタップしても、希望の変換候補が表示されない場合は、←／→をタップしてハイライト表示の範囲を調整します。ここでは、←を2回タップすると、正しく変換できます。

数字・顔文字・記号を入力する

1. テンキーボードで数字や顔文字を入力したい場合は、1&☺をタップします。

2. 数字キーボードが表示されます。入力したい数字をタップすると入力できます。［顔文字］をタップします。

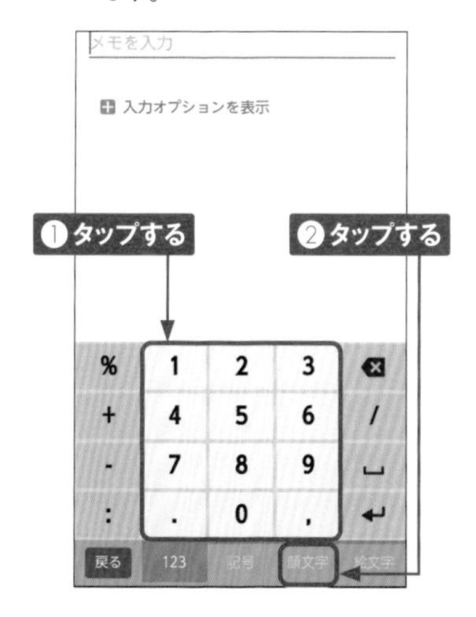

3. 上下にスワイプして、入力したい顔文字をタップすると入力できます。［戻る］をタップすると、テンキーボードに戻ります。

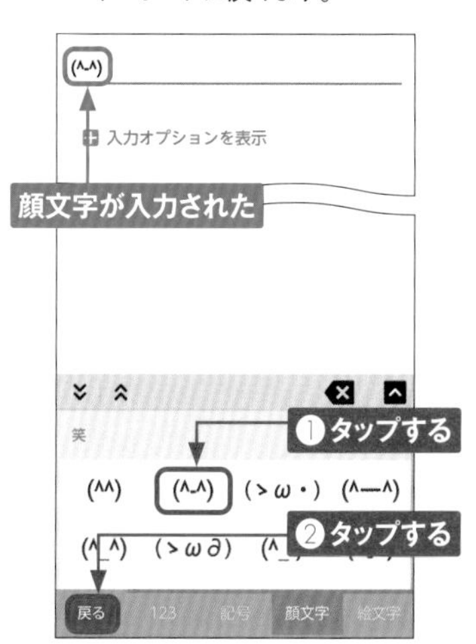

MEMO QWERTYキーボードで数字や記号を入力する

QWERTYキーボードの場合は、☺をタップすると、手順③の画面が表示されます。また、数字や記号が描かれているキーを下にフリックすると、その数字や記号が入力できます。

文字を削除する

① 入力確定後、←／→をタップして削除したい文字の右にカーソルを移動します。

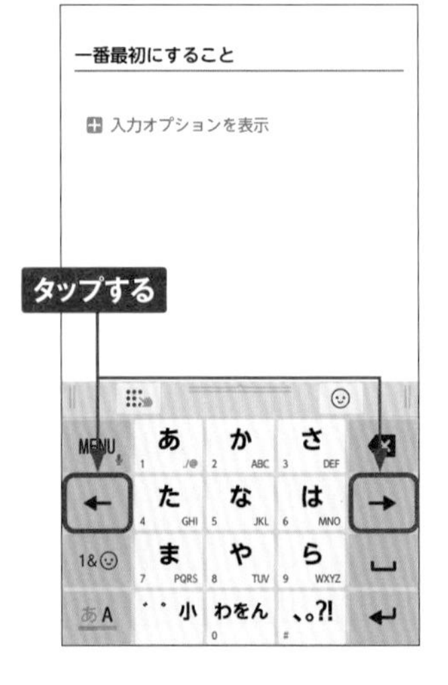

② ⌫をタップすると、カーソルの左にある文字が1文字削除されます。

③ 「上書き手書き入力」がオフの状態で（P.25手順④参照）、⌫を左にフリックします。

④ カーソルより左にある文字がすべて削除されます。

MEMO　カーソルの右にある文字を削除する

⌫を上にフリックすると、カーソルの右にある文字を1文字削除できます。

そのほかのキーボード操作

●直前の操作を取り消す

1 あやまって文字を削除した場合など、直前の操作を取り消したい場合は⌫を下にフリックします。

2 直前の操作（ここでは文字の削除）が取り消されます。

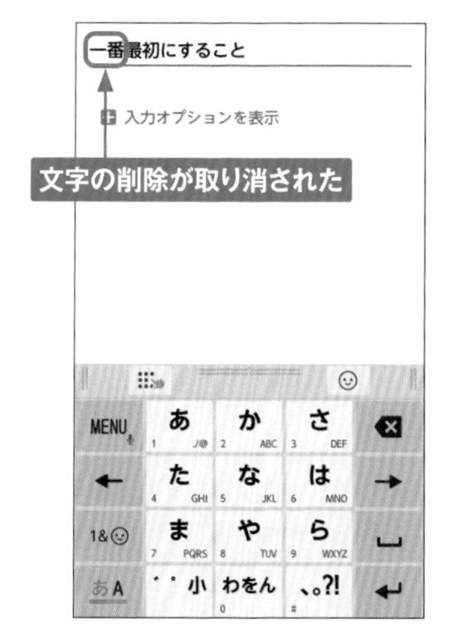

●キーボードの表示を消す

1 キーボードを表示している状態で、▼をタップすると、

2 キーボードの表示が消えます。再び表示するには、入力したい場所をタップします。

1

Section 09

テキストを コピー&ペーストする

F-51Cは、パソコンと同じように自由にテキストをコピー&ペーストできます。コピーしたテキストは、別のアプリで貼り付けて利用することもできます。

テキストをコピーする

① コピーしたいテキストをロングタッチします。

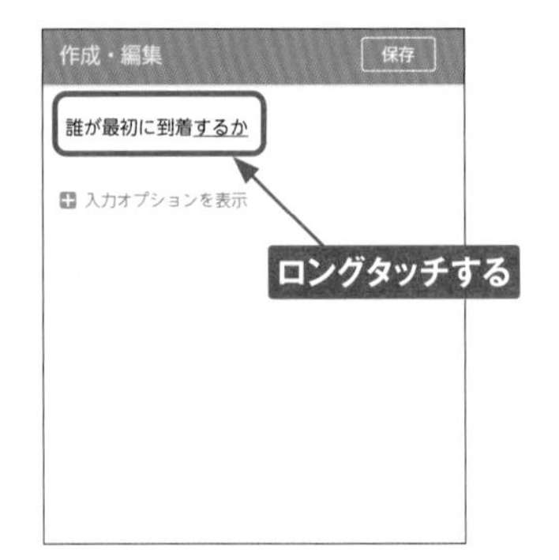

② ●と●を左右にドラッグして、コピーする範囲を調整します。

③ ［コピー］をタップします。

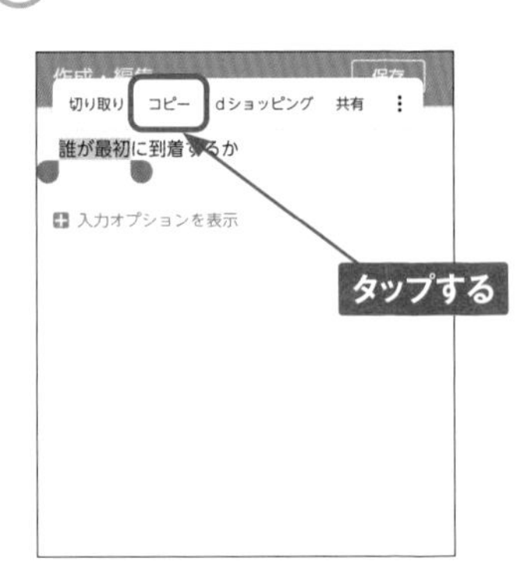

④ テキストがコピーされました。

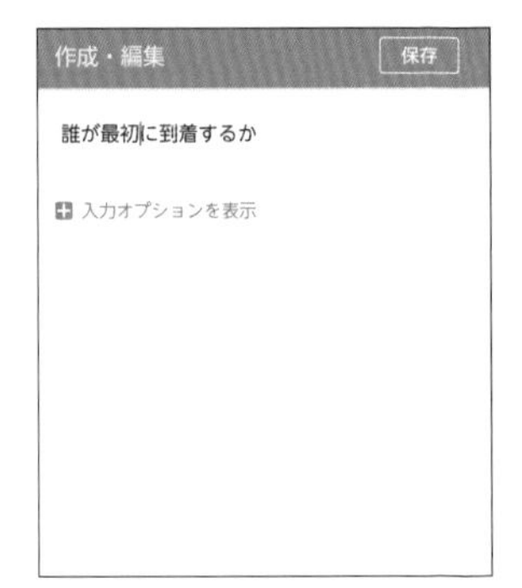

テキストを貼り付ける

1 入力欄でテキストを貼り付けたい位置をタップし、●をタップします。

2 ［貼り付け］をタップします。

3 コピーしたテキストが貼り付けられます。

MEMO キーボードの調整

キーボードの上部ドラッグすると、キーボードのサイズを調整することができます。同様に左右をドラッグするとキーボードの左右配置を調整できるので、使いやすいように設定しましょう。

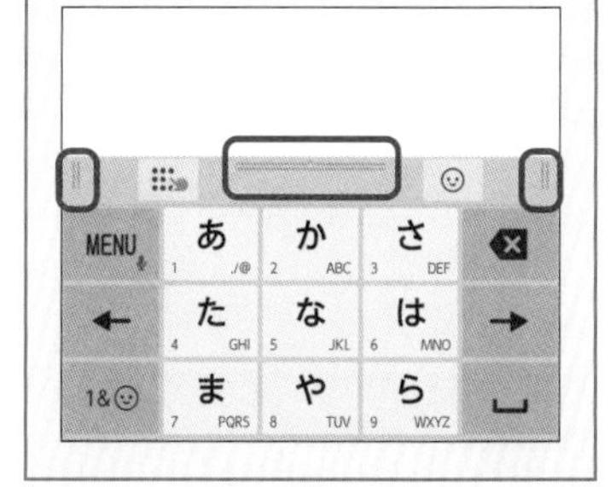

Section 10

Googleアカウントを設定する

Googleアカウントを設定すると、Googleが提供するサービスが利用できます。ここではGoogleアカウントを作成して設定します。すでに作成済みのGoogleアカウントを設定することもできます。

1 GoogleアカウントをF-51Cに設定する

1 アプリ一覧画面で［設定］をタップします（Sec.06参照）。「設定」アプリが起動するので、画面を上方向にスワイプして、［パスワードとアカウント］をタップします。

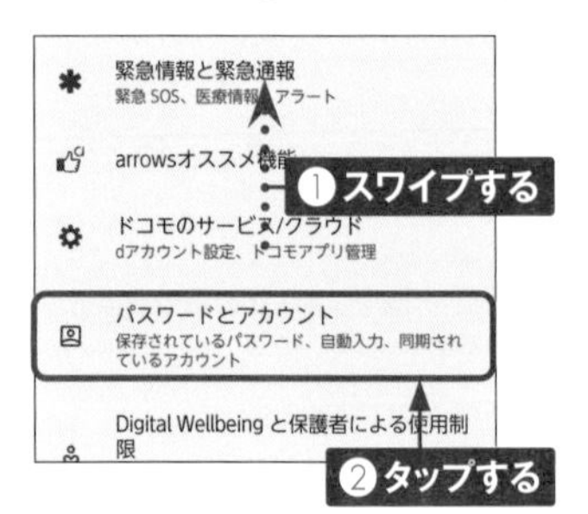

2 ［アカウントを追加］をタップします。

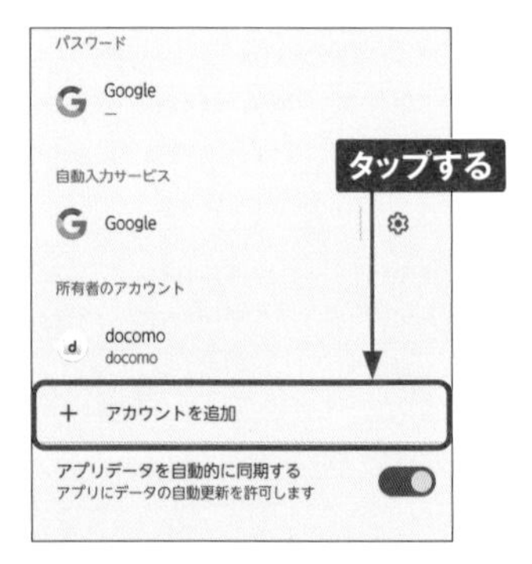

3 「アカウントの追加」画面が表示されるので、［Google］をタップします。

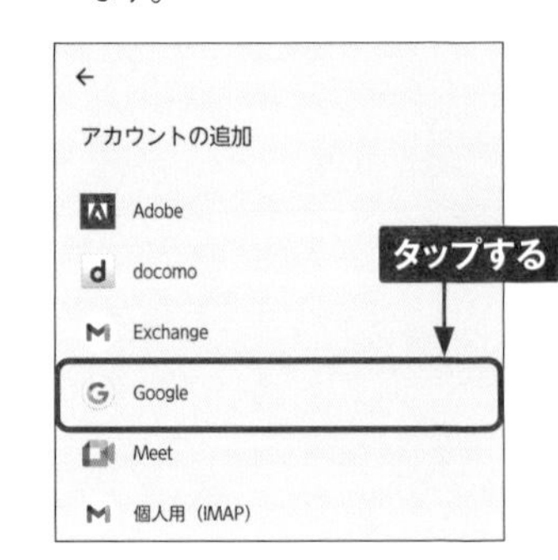

MEMO Googleアカウントとは

Googleアカウントを作成すると、Googleが提供する各種サービスへログインすることができます。アカウントの作成に必要なのは、メールアドレスとパスワードの登録だけです。F-51CにGoogleアカウントを設定しておけば、Gmailなどのサービスがかんたんに利用できます。

④ ［アカウントを作成］→［自分用］の順にタップします。すでに作成したアカウントを使うには、アカウントのメールアドレスまたは電話番号を入力します（右下のMEMO参照）。

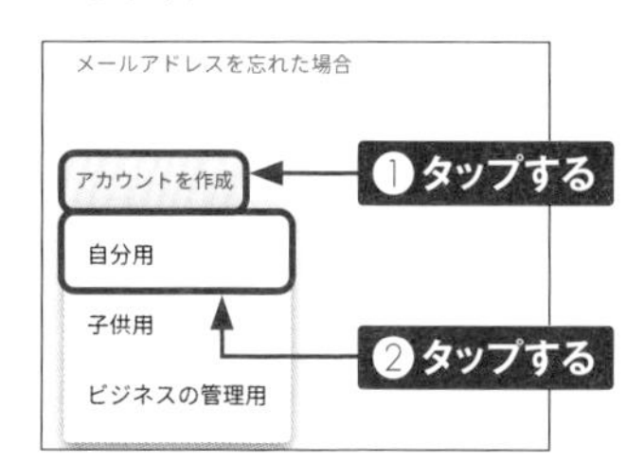

⑤ 上の欄に「姓」、下の欄に「名」を入力し、［次へ］をタップします。

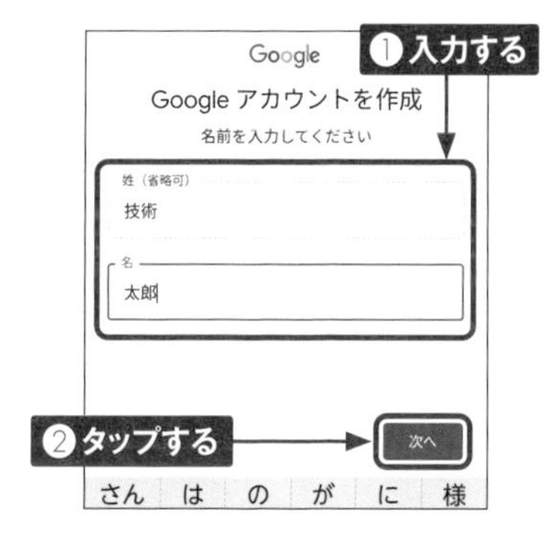

⑥ 生年月日と性別をタップして設定し、［次へ］をタップします。

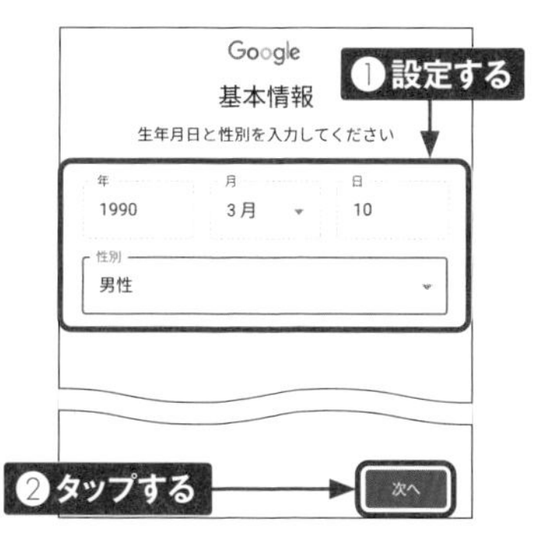

⑦ ［自分でGmailアドレスを作成］をタップして、希望するメールアドレスを入力し、［次へ］をタップします。

⑧ パスワードを入力します。

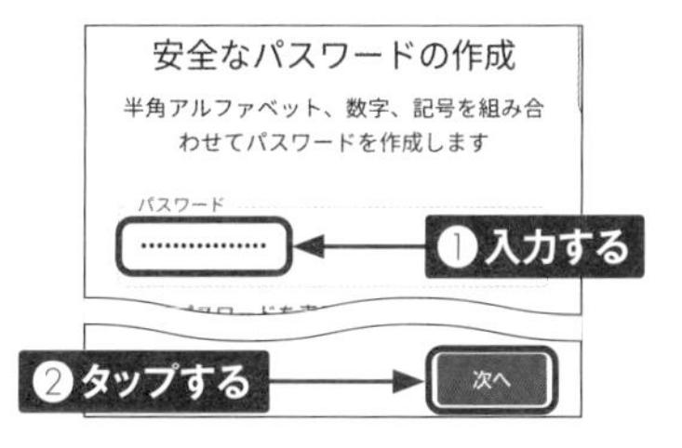

MEMO 既存のアカウントの利用

作成済みのGoogleアカウントがある場合は、手順④の画面でメールアドレスまたは電話番号を入力して、［次へ］をタップします。次の画面でパスワードを入力すると、「ようこそ」画面が表示されるので、［同意する］をタップし、P.37手順⑬以降の解説に従って設定します。

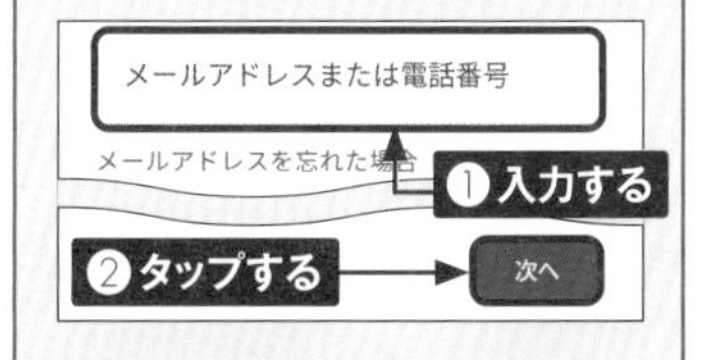

9 パスワードを忘れた場合のアカウント復旧に使用するために、F-51Cの電話番号を登録します。画面を上方向にスワイプします。

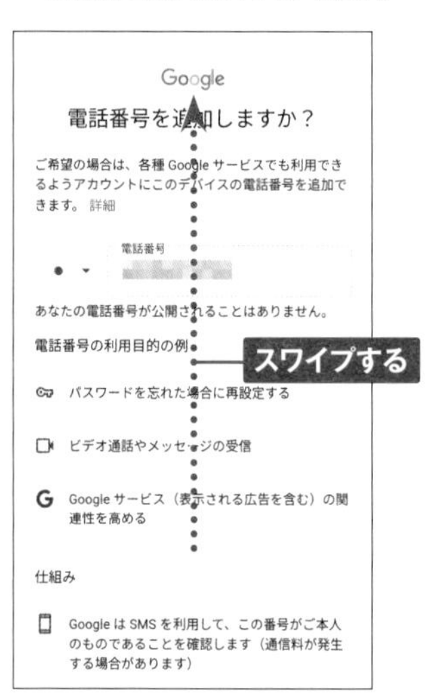

10 ここでは［はい、追加します］をタップします。電話番号を登録しない場合は、［その他の設定］→［いいえ、電話番号を追加しません］→［完了］の順にタップします。

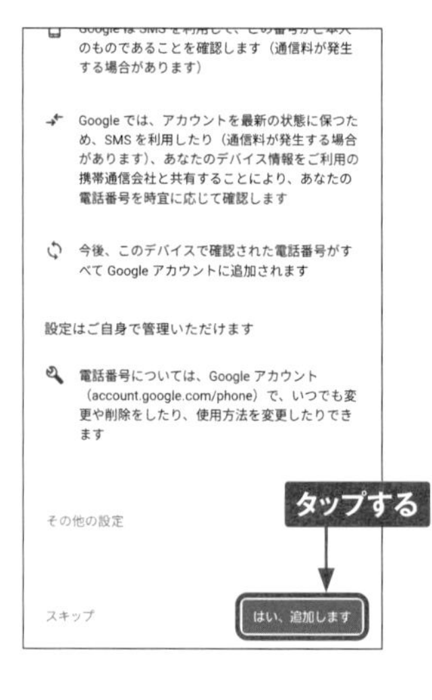

11 「アカウント情報の確認」画面が表示されたら、［次へ］をタップします。

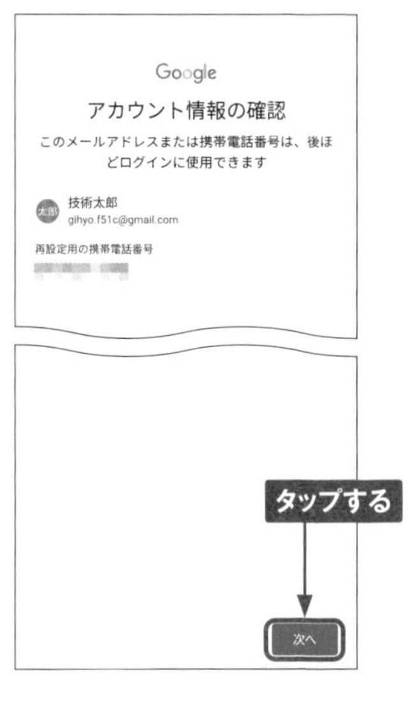

12 内容を確認して、［同意する］をタップします。

いるサイトやアプリでも、パーソナライズド広告を配信するため。
・詐欺や不正使用を防いでセキュリティを向上するため。
・分析や測定を通じてサービスがどのように利用されているかを把握するため。Google には、サービスがどのように利用されているかを測定するパートナーもいます。こうした広告パートナーや測定パートナーについての説明をご覧ください。

データを統合する

また Google では、こうした目的を達成するため、Google のサービスやお使いのデバイス全体を通じてデータを統合します。アカウントの設定内容に応じて、たとえば検索や YouTube を利用した際に得られるユーザーの興味や関心の情報に基づいて広告を表示したり、膨大な検索クエリから収集したデータを使用してスペル訂正モデルを構築し、すべてのサービスで使用したりすることがあります。

設定はご自身で管理いただけます

アカウントの設定に応じて、このデータの一部はご利用の Google アカウントに関連付けられることがあります。Google はこのデータを個人情報として取り扱います。Google がこのデータを収集して使用する方法は、下の［その他の設定］で管理できます。設定の変更や同意の取り消しは、アカウント情報（myaccount.google.com）でいつでも行

13 画面を上方向にスワイプし、利用したいGoogleサービスがオンになっていることを確認して、［同意する］をタップします。

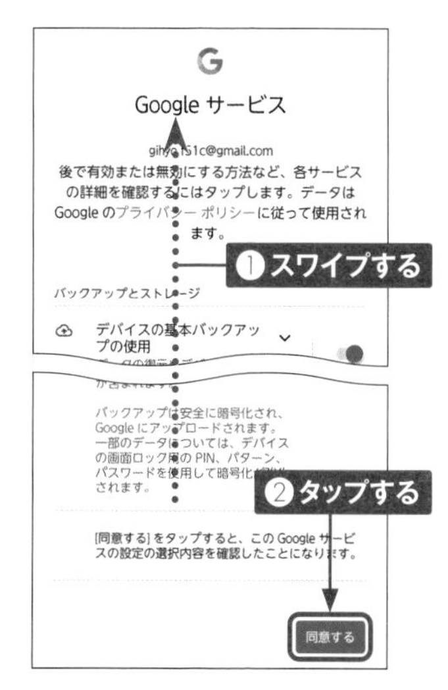

14 P.34手順②の過程で表示される「アカウント」画面に戻ります。Googleアカウントをタップします。

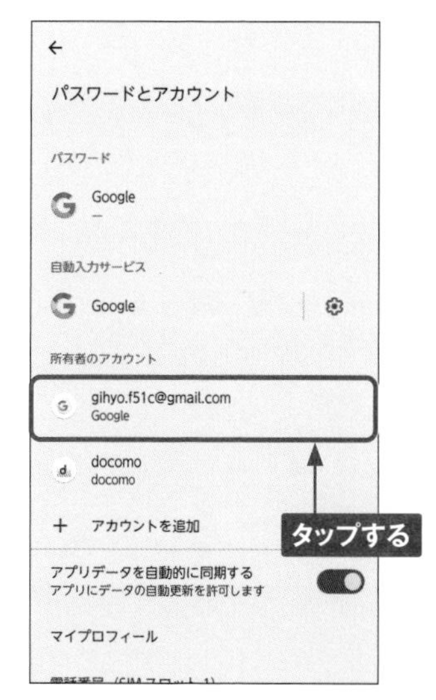

15 ［アカウントの同期］をタップします。

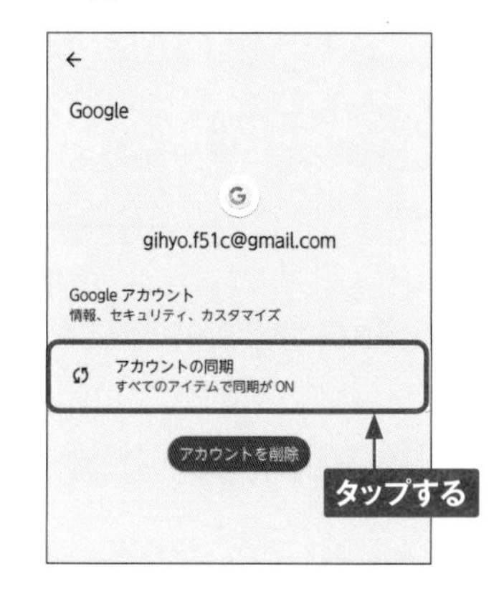

16 Googleアカウントで同期可能なサービスが表示されます。サービス名をタップして、 にすると、同期が解除されます。

MEMO **Googleアカウントの削除**

手順⑮の画面で［アカウントを削除］をタップすると、GoogleアカウントをF-51Cから削除することができます。

1

Section 11

ドコモのID・パスワードを設定する

F-51CにdアカウントをDOCOMO設定すると、NTTドコモが提供するさまざまなサービスをインターネット経由で利用できるようになります。また、あわせてspモードパスワードの変更も済ませておきましょう。

dアカウントとは

「dアカウント」とは、NTTドコモが提供しているさまざまなサービスを利用するためのIDです。dアカウントを作成し、arrows Nに設定することで、Wi-Fi経由で「dマーケット」などのドコモの各種サービスを利用できるようになります。
なお、ドコモのサービスを利用しようとすると、いくつかのパスワードを求められる場合があります。このうちspモードパスワードは「お客様サポート」(My docomo)で変更やリセットができますが、「ネットワーク暗証番号」はインターネット上で再発行できません(P.42手順②の画面で変更は可能)。番号を忘れないように気を付けましょう。さらに、spモードパスワードを初期値(0000)のまま使っていると、変更をうながす画面が表示されることがあります。その場合は、画面の指示に従ってパスワードを変更しましょう。
なお、ドコモショップなどですでに設定を行っている場合、ここでの設定は必要ありません。また、以前使っていた機種でdアカウントを作成・登録済みで、機種変更でarrows Nを購入した場合は、自動的にdアカウントが設定されます。

ドコモのサービスで利用するID/パスワード	
ネットワーク暗証番号	お客様サポート(My docomo)や、各種電話サービスを利用する際に必要です(P.40参照)。
dアカウント/パスワード	ドコモのサービスやdポイントを利用するときに必要です。
spモードパスワード	ドコモメールの設定、spモードサイトの登録/解除の際に必要です。初期値は「0000」ですが、変更が必要です(P.42参照)。

dアカウントを設定する

1 P.20を参考に「設定」アプリを起動して、[ドコモのサービス/クラウド]をタップします。

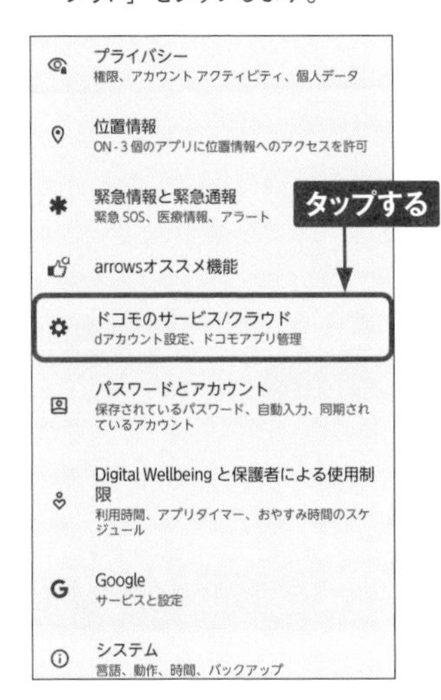

2 [dアカウント設定]をタップします。次の画面で[利用の許可へ]→[許可]の順にタップします。

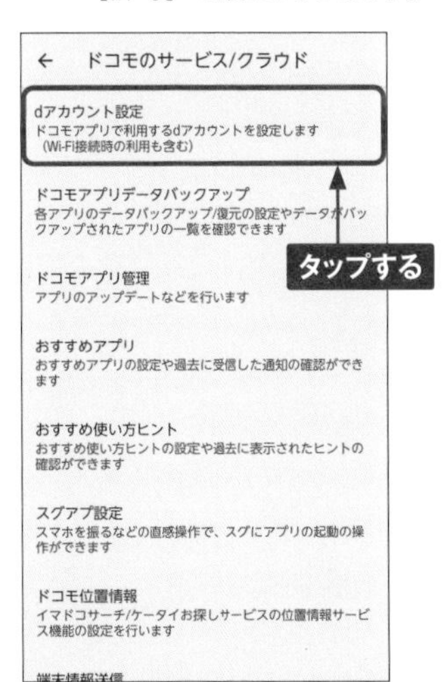

3 「ご利用にあたって」画面が表示されたら、内容を確認して、[同意する]をタップします。「はじめに」画面が表示されたら、[次へ]をタップして進みます。

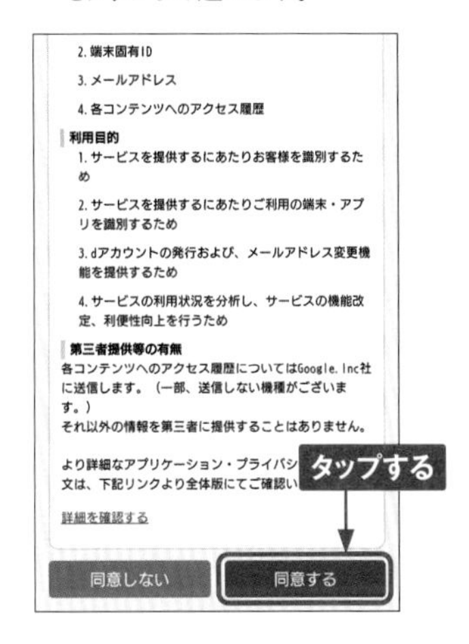

4 「dアカウント設定」画面が表示されたら、新規に作成する場合は、[新たにdアカウントを作成]をタップして、画面の指示に従います。

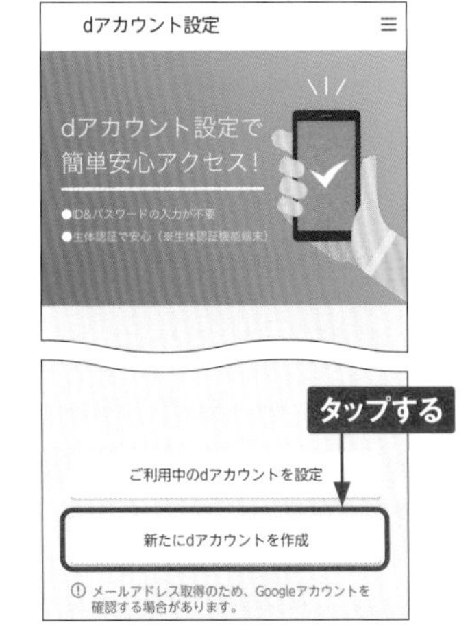

⑤ ネットワーク暗証番号を入力して、[設定する] をタップします。

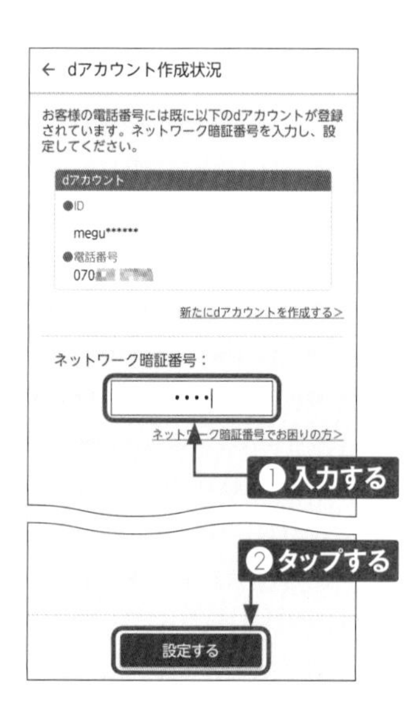

⑥ dアカウントの作成が完了しました。生体認証の設定は、ここでは [後で] をタップして、[OK] をタップします。

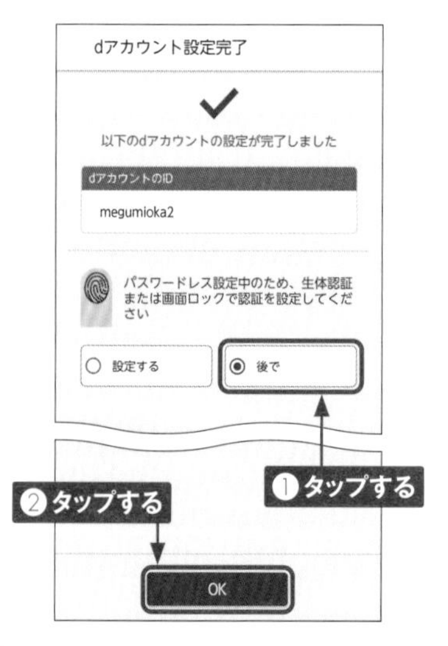

⑦ 「アプリ一括インストール」画面が表示されたら、[後で自動インストール] をタップして、[進む] をタップします。

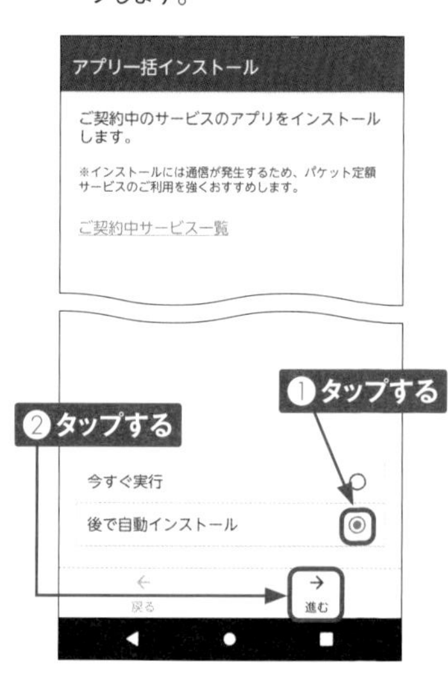

⑧ dアカウントの設定が完了します。

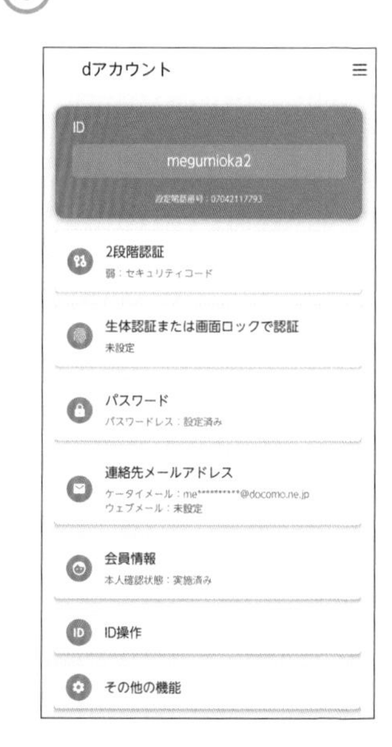

dアカウントのIDを変更する

1 P.40手順⑧の画面で［ID操作］をタップします。表示されていない場合は、「設定」アプリで［ドコモのサービス/クラウド］→［dアカウント設定］の順にタップします。

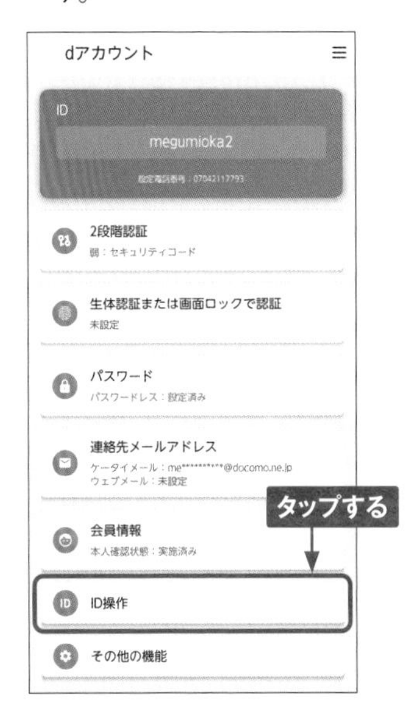

2 ［IDの変更］をタップします。

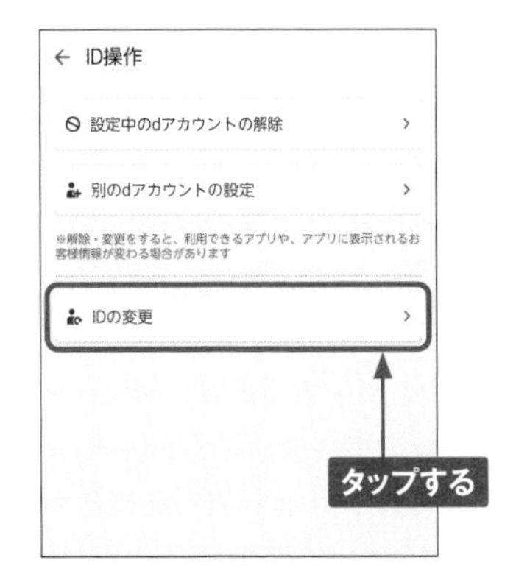

3 好きなIDを設定するのところの○をタップして◉にし、IDを入力して、［設定する］をタップします。

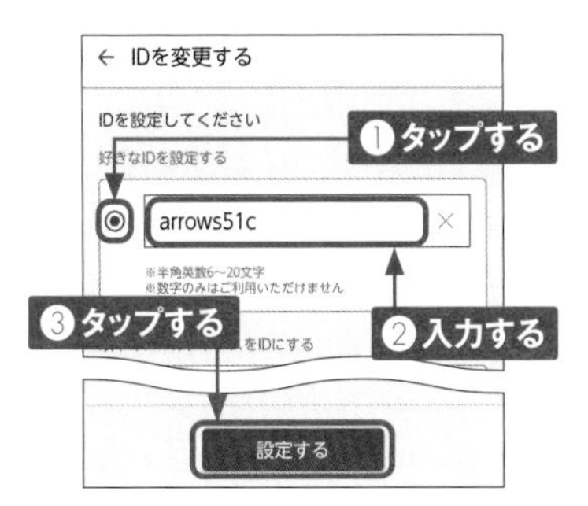

4 パスワードを入力して、[OK]をタップします。

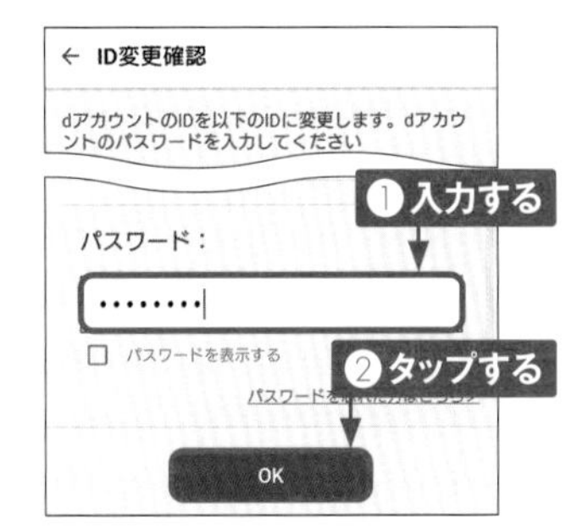

5 ［OK］をタップすると、設定が完了します。

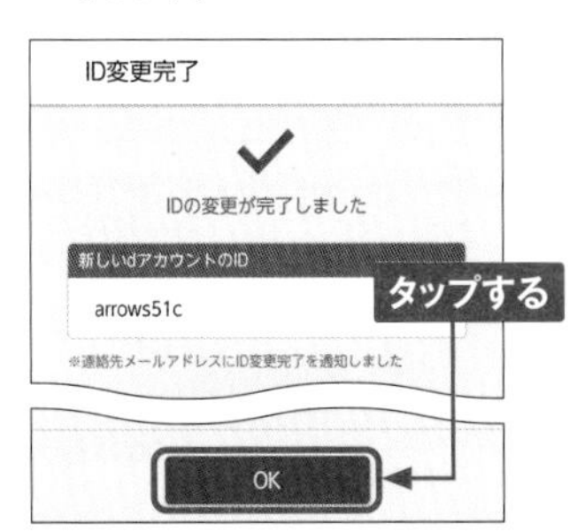

spモードパスワードを変更する

① ホーム画面で［My docomo］→［設定］の順にタップします。

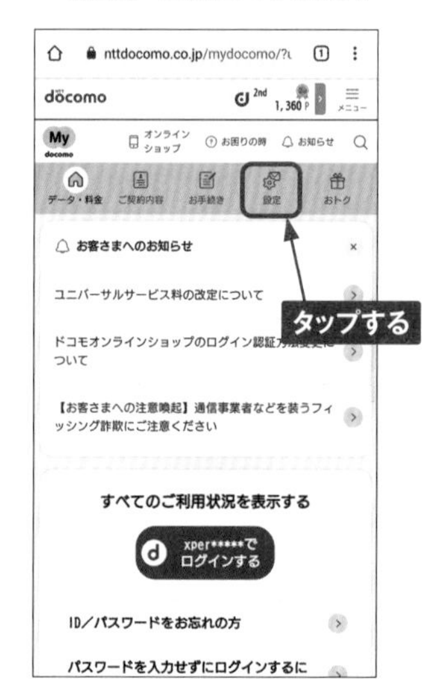

② 画面を上方向にスライドし、［spモードパスワード］→［変更する］の順にタップします。dアカウントへのログインが求められたら画面の指示に従ってログインします。

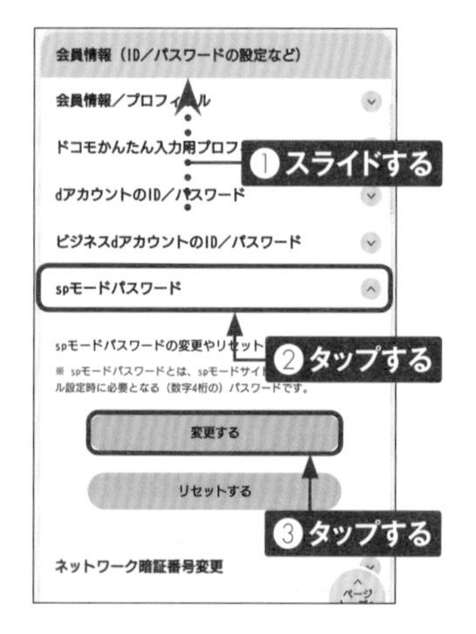

③ ネットワーク暗証番号を入力し、［認証する］をタップします。パスワードの保存画面が表示されたら、［使用しない］をタップします。

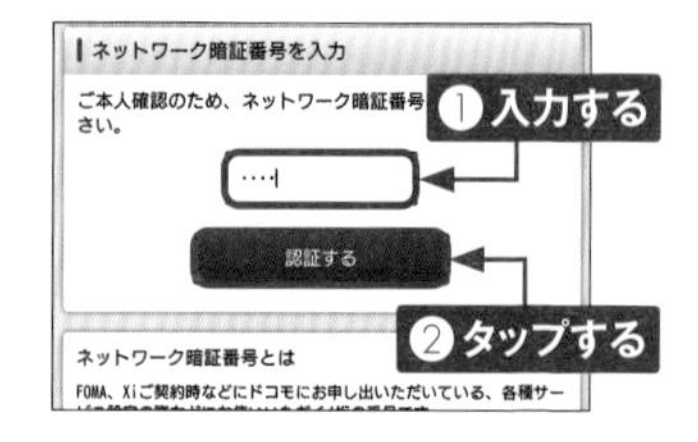

④ 現在のspモードパスワード（初期値は「0000」）と新しいパスワード（不規則な数字4文字）を入力します。［設定を確定する］をタップします。

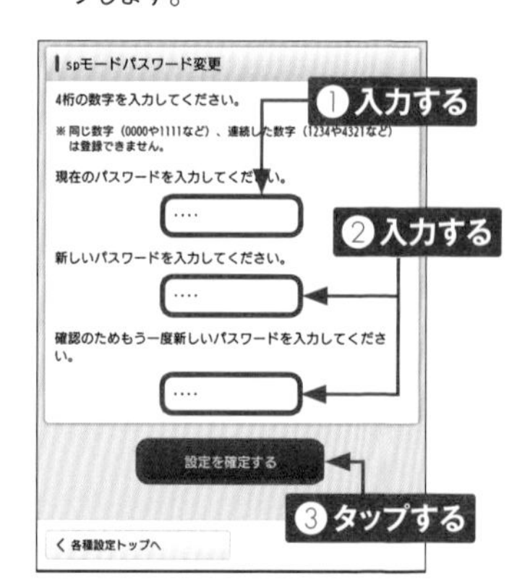

MEMO spモードパスワードのリセット

spモードパスワードがわからなくなったときは、手順②の画面で［リセットする］をタップし、画面の指示に従って手続きを行うと、初期値の「0000」にリセットできます。

Chapter 2

電話機能を使う

Section 12

電話をかける・受ける

電話操作は発信も着信も非常にシンプルです。発信時はホーム画面のアイコンからかんたんに電話を発信でき、着信時はタップ操作かスグ電で通話を開始できます。

電話をかける

1 ホーム画面で をタップします。

2 をタップします。

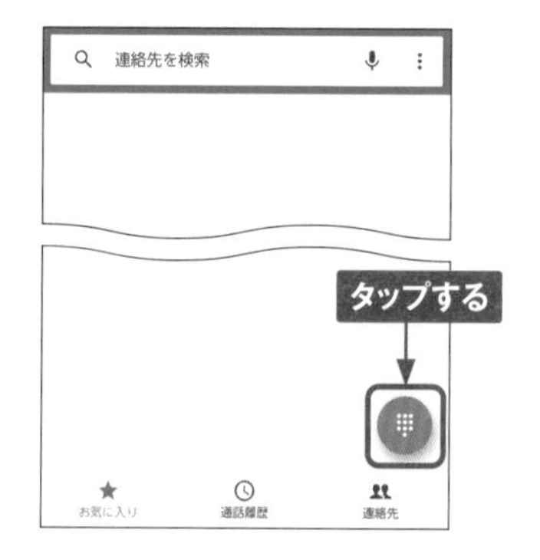

3 キーパッドをタップして電話番号を入力し、 をタップします。電話が発信されます。

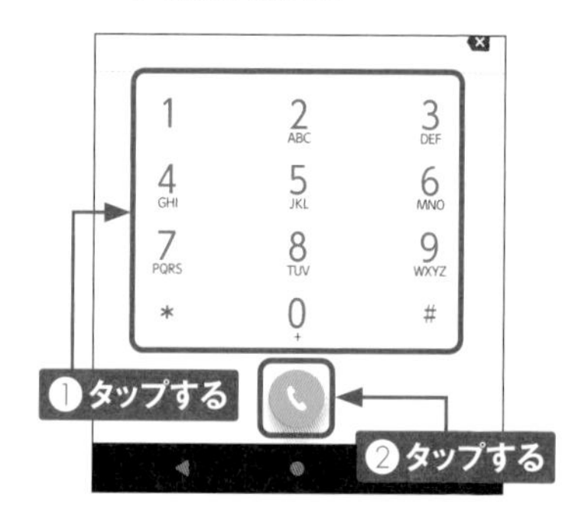

4 相手が応答すると通話開始です。［終了］をタップすると、通話が終了します。

電話を受ける

1 着信すると、着信画面が表示されます。これはスリープモード中に着信した画面です。を上にスワイプして、電話に応答します。

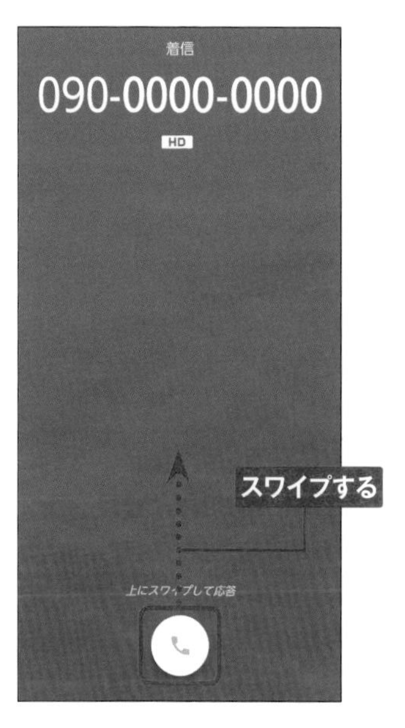

2 通話が開始します。[終了]をタップすると、通話が終了します。

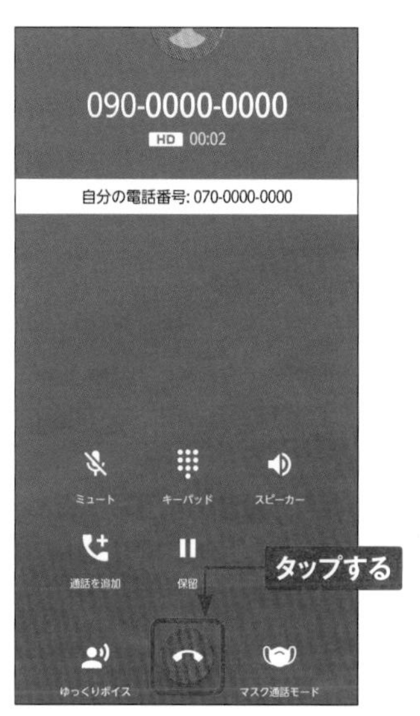

MEMO 着信画面

着信の表示はスリープ中とそれ以外でも異なります。以下はホーム画面表示中に着信があった画面です。

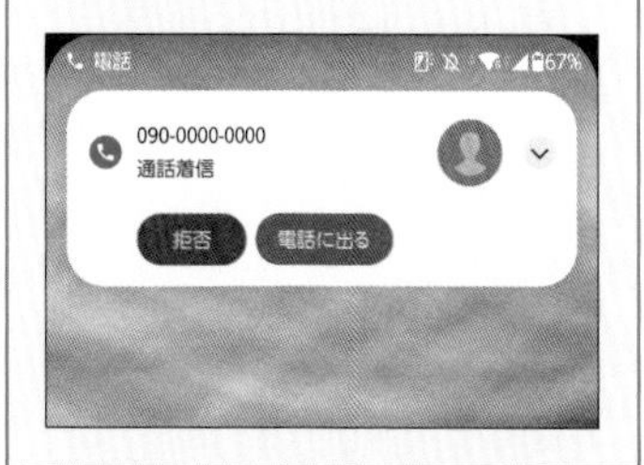

MEMO ゆっくりボイス

F-51Cには、相手の声を調整して聞きやすくする「ゆっくりボイス」という音声調整機能があります。通話画面で画面左下の[ゆっくりボイス]をタップすると、オン／オフを切り替えられます。

Section 13

履歴を確認する

電話の発着信の履歴は、「通話履歴」画面で確認・削除することができます。また、相手に電話をかけなおしたいときも、履歴から発信することができます。

発信や着信の履歴を確認する

1 ホーム画面で をタップして、［通話履歴］をタップします。

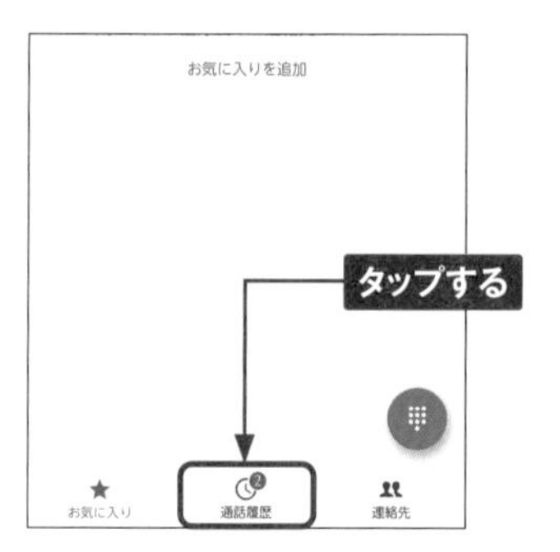

2 発着信の履歴を確認できます。

3 履歴をタップすると、メニューが開きます。［通話の詳細］をタップします。

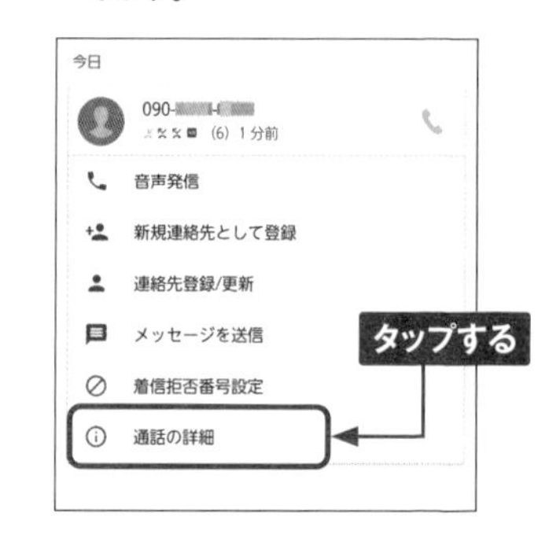

4 電話番号をテキストとしてコピーしたり、履歴から削除したりすることができます。

履歴から発信する

① P.46手順①を参考に発着信履歴画面を表示します。発信したい履歴の をタップします。

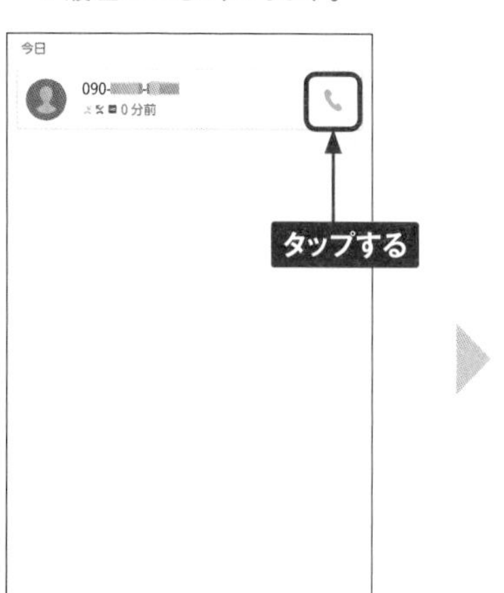

② 電話が発信されます。

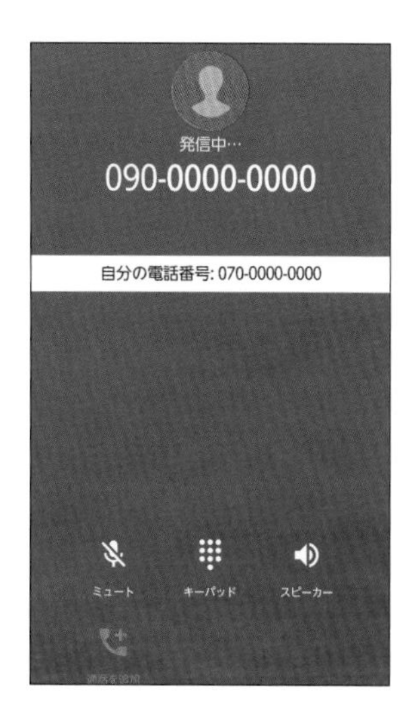

メッセージを送信する

着信があったときに、すぐに応答できないときは、メッセージを送信することができます。P.46手順③の画面で、[メッセージを送信]をタップします。「+メッセージアプリ」が起動するので、相手にメッセージを送信することができます。

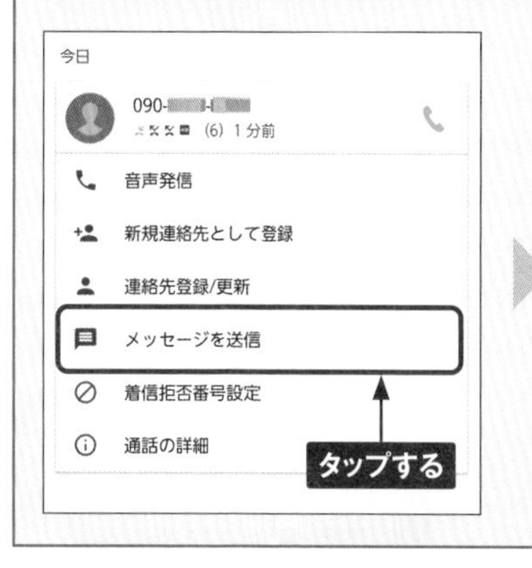

伝言メモを利用する

F-51Cでは、電話に応答できないときに本体に伝言を記録する伝言メモ機能を利用できます。有料サービスである留守番電話サービスとは異なり、無料で利用できるのでぜひ使ってみましょう。

伝言メモを設定する

① P.44手順①を参考に「電話」アプリを起動して、画面右上の⋮をタップし、[設定]をタップします。

② 「設定」画面で[通話]→[伝言メモ]の順にタップし、伝言メモの許可設定を行います。今回は「アプリの使用時のみ」をタップします。

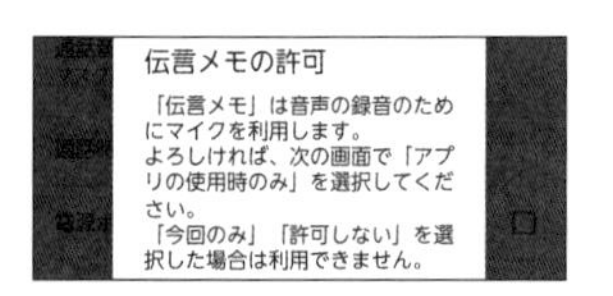

③ 「伝言メモ」画面で[伝言メモ]をタップし、□を☑に切り替えます。[着信呼出設定]をタップします。

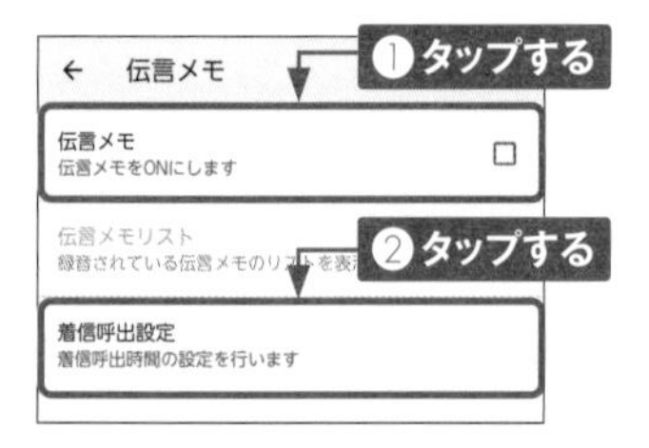

④ 説明を確認して、[OK]をタップします。

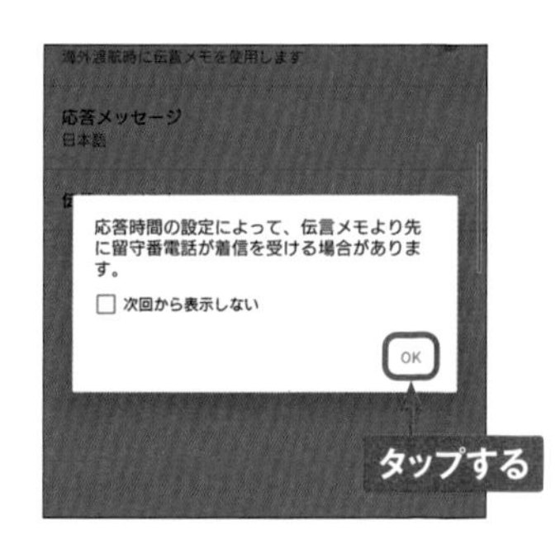

⑤ 着信呼出時間設定をドラッグして変更し、[設定]をタップします。留守番電話サービスの呼び出し時間（15秒）より短く設定する必要があります。

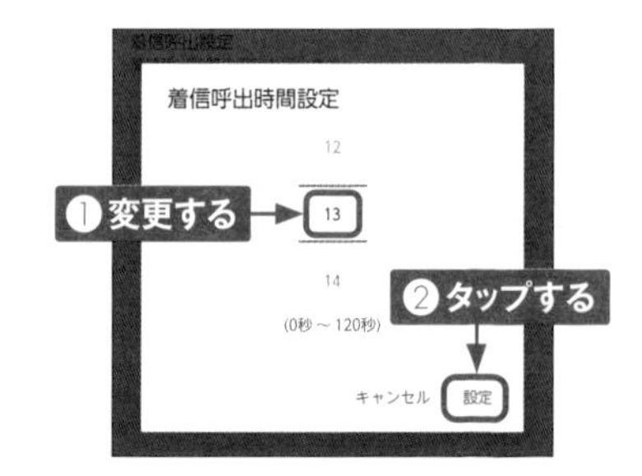

伝言メモを再生する

1 不在着信と伝言メモがあると、ステータスバーに▣が表示されます。ステータスバーを下方向にフリックします。

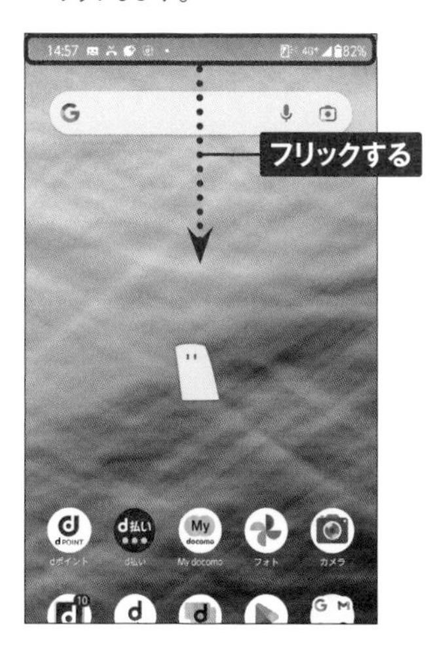

2 通知パネルが表示されるので、伝言メモの通知をタップします。

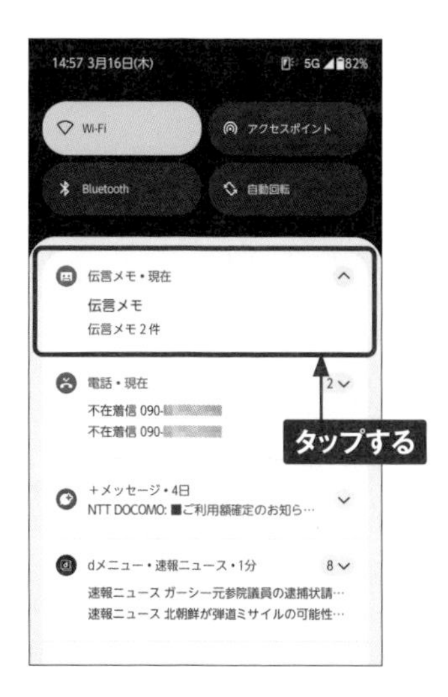

3 「伝言メモリスト」画面で聞きたい伝言メモをタップすると、伝言メモが再生されます。

4 伝言メモを削除するには、ロングタッチして［1件削除］をタップします。

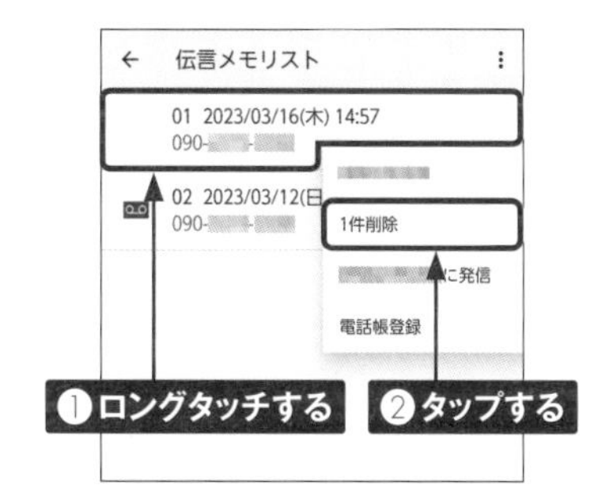

MEMO 留守番電話サービスとの違い

有料の「留守番電話サービス」は、端末の電源が切れていたり通話圏外であったりしても、留守番電話を受けられます。ただし、留守電メッセージを確認するには「1417」に電話をかける必要があります。

Section 15

電話帳を利用する

電話番号やメールアドレスなどの連絡先は、「ドコモ電話帳」で管理することができます。クラウド機能を有効にすることで、電話帳データが専用のサーバーに自動で保存されます。

ドコモ電話帳のクラウド機能を有効にする

① アプリ一覧画面で[ドコモ電話帳]をタップします。

② 初回起動時は「クラウドの利用について」画面が表示されます。[注意事項]をタップします。

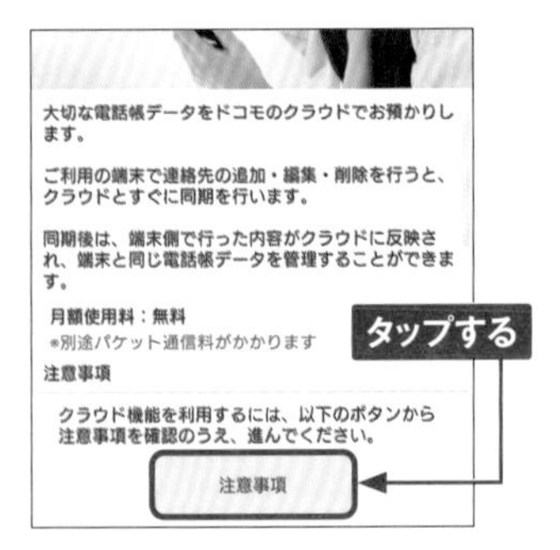

③ 「Chromeにようこそ」画面が表示された場合は、[同意して続行]→[続行]→[有効にする]の順にタップします。注意事項が表示されるので、説明を確認して、◀をタップします。

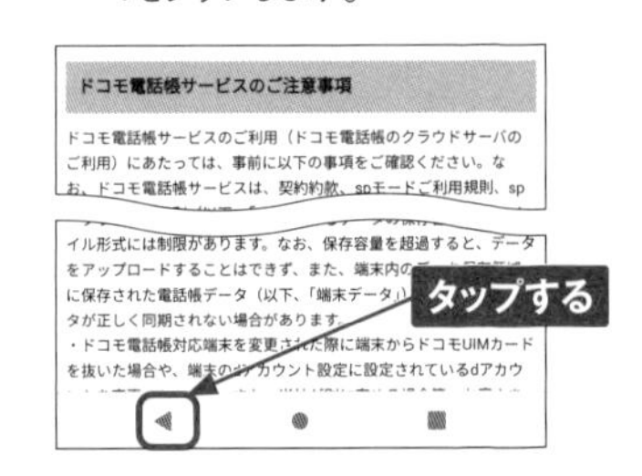

④ 手順②の画面に戻るので、[利用する]をタップします。

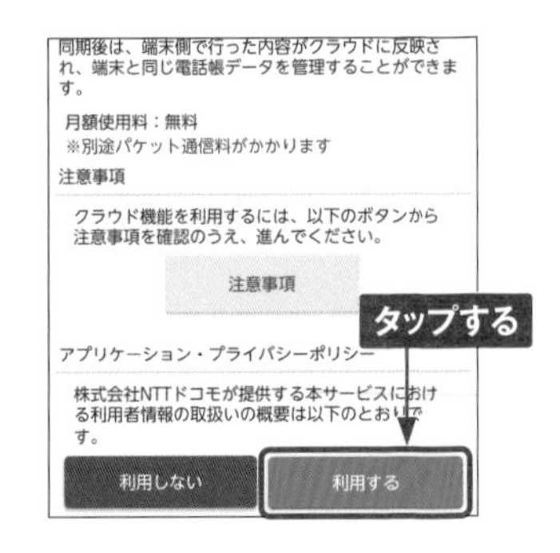

5 すでに利用したことがあって、クラウドにデータがある場合は、「すべての連絡先」画面に登録済みの電話帳データが表示され、ドコモ電話帳が利用できるようになります。

ドコモ電話帳のクラウド機能とは

ドコモ電話帳では、電話帳データを専用のクラウドサーバーに自動で保存しています。そのため、機種変更をしたときも、クラウドを利用してかんたんに電話帳を移行することができます。そのほか、別の端末から同じdアカウントを利用することで、クラウド上にある電話帳を閲覧・編集できる「マルチデバイス機能」も用意されています。

電話帳のデータを切り替える

1 「ドコモ電話帳」アプリを起動し、画面左上の☰をタップしてメニューを表示します。アカウントを選択します。ここでは、[docomo]をタップします。

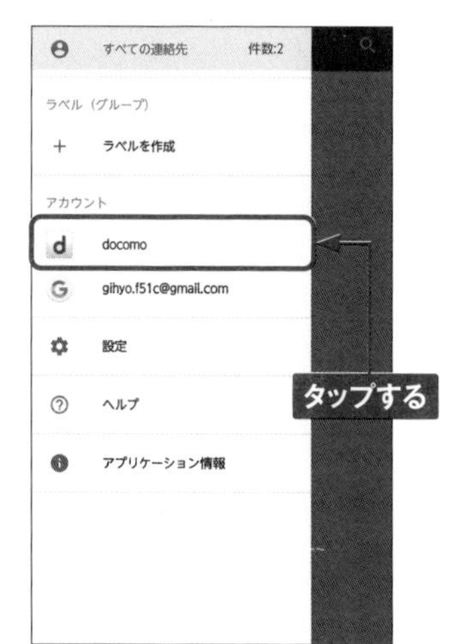

2 ドコモのクラウドサーバーに保存している連絡先だけが表示されます。

連絡先に新規連絡先を登録する

1 P.51手順⑤の画面でをタップします。

2 連絡先を保存するアカウントを選びます。ここでは[docomo]をタップします。

3 入力欄をタップし、「姓」と「名」の入力欄に相手の氏名を入力します。［その他の項目］をタップして、フリガナを入力します。

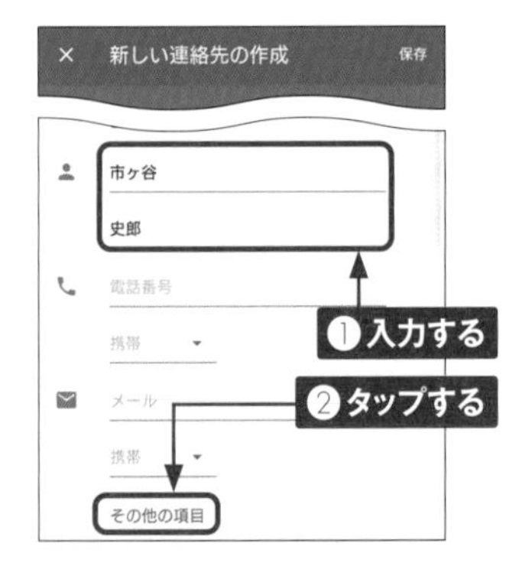

4 電話番号の情報も入力し、完了したら、［保存］をタップします。

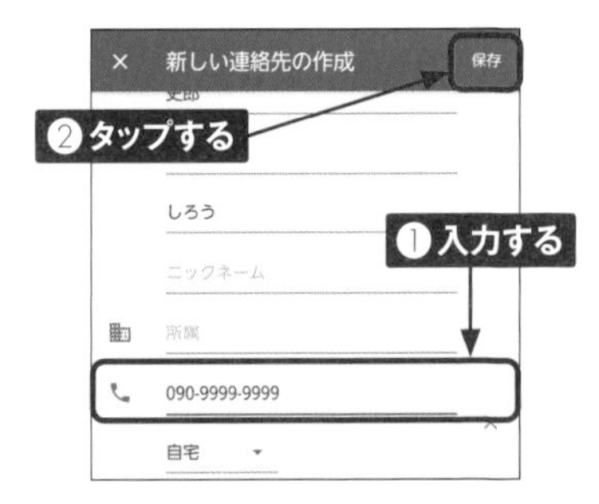

5 連絡先の情報が保存され、登録した相手の情報が表示されます。

MEMO 連絡先の保存先

連絡先を新規登録する際、手順③の画面で［保存先］をタップすると、保存先を「docomo」と「Google」のどちらかから選ぶことができます。

連絡先を履歴から登録する

1 P.44手順①を参考にして、「電話」アプリを起動します。［通話履歴］をタップして、通話履歴を表示します。連絡先に登録したい電話番号をタップします。

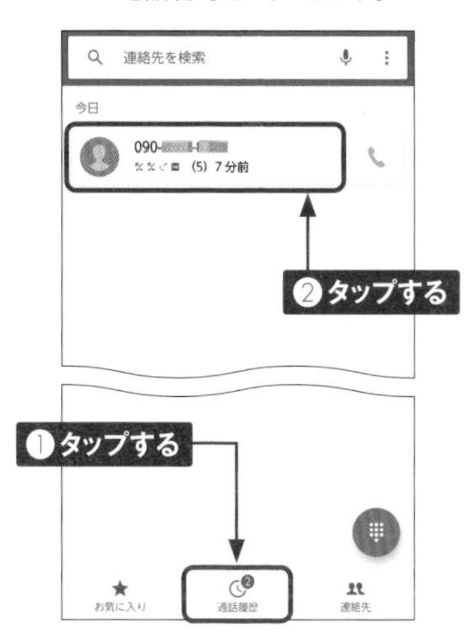

2 ［新規連絡先として登録］（既存の連絡先に登録する場合は［連絡先登録/更新］）をタップします。

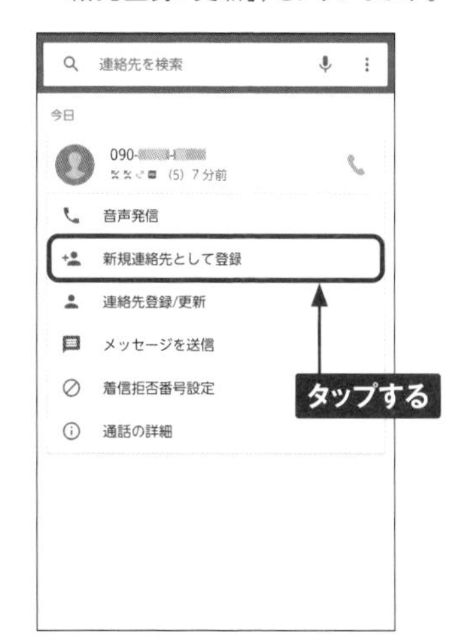

3 P.52手順②～③の方法で連絡先の情報を登録します。

MEMO 連絡先の検索

「電話」アプリや「ドコモ電話帳」アプリの上部にある🔍をタップすると、登録されている連絡先を探すことができます。フリガナを登録している場合は、名字もしくは名前の読みの一文字目を入力すると候補に表示されます。

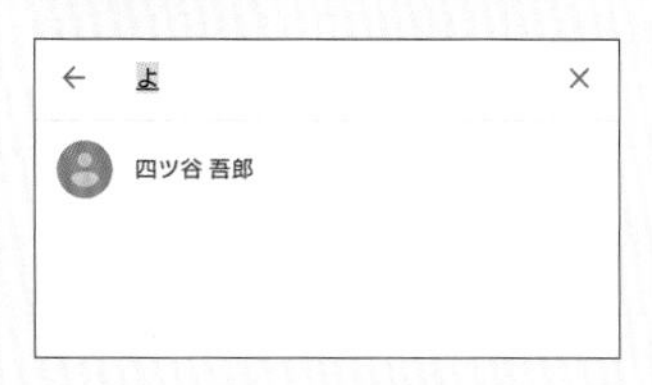

マイプロフィールを確認・編集する

① P.51手順①を参考にメニューを表示し、［設定］をタップします。

② ［ユーザー情報］をタップします。

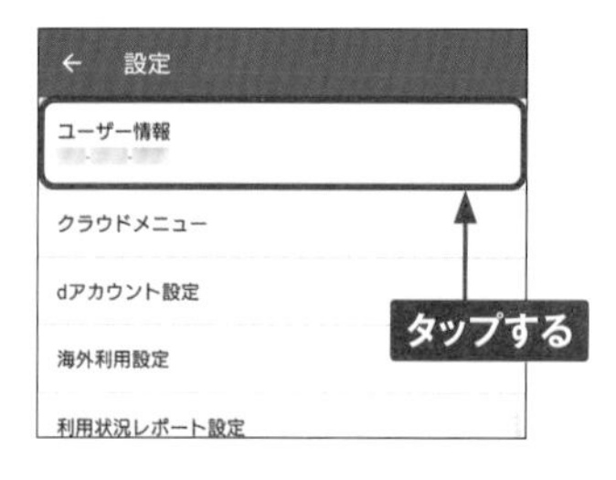

③ 自分の情報を登録できます。編集する場合は、🖉をタップします。

④ P.52手順③～④の方法で情報を入力し、［保存］をタップします。

MEMO 住所の登録

マイプロフィールに住所や誕生日などを登録したい場合は、手順③の画面下部にある［その他項目］をタップし、［住所］などをタップします。

ドコモ電話帳のそのほかの機能

電話帳を編集する

① P.50手順①を参考に「すべての連絡先」画面を表示し、編集したい連絡先の名前をタップします。

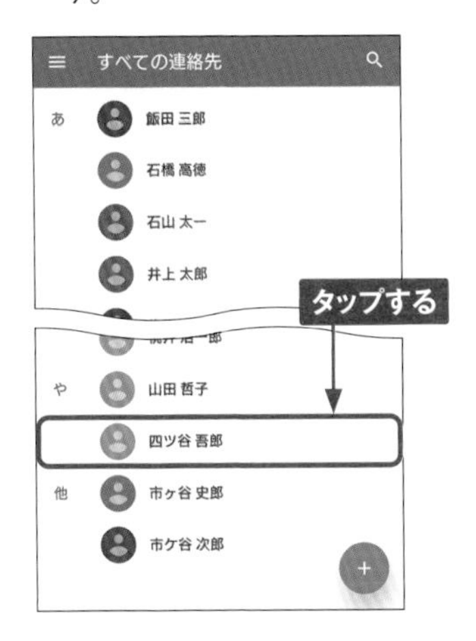

② ✎をタップして「連絡先を編集」画面を表示し、P.52手順③～④の方法で連絡先を編集します。

電話帳から電話を発信する

① 左記手順②の画面で電話番号をタップします。

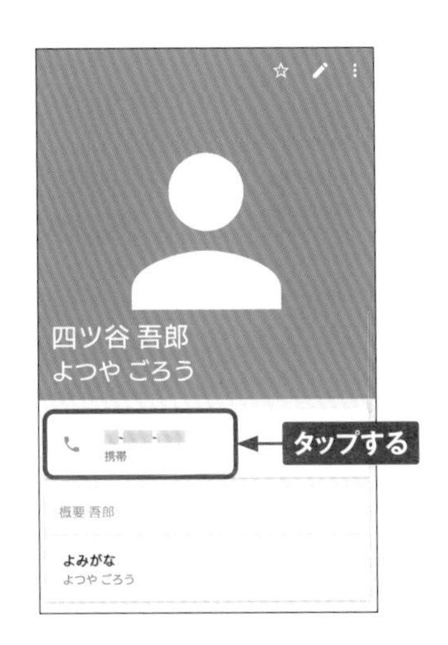

② 電話が発信されます。

Section 16

着信拒否を設定する

F-51Cでは、ブラックリストに登録した電話番号からの着信を拒否できます。ブラックリストには、100件まで登録できます。また、「迷惑電話対策」も利用できます。

着信拒否する番号を指定する

1 「電話」アプリを起動して、右上の ⋮ をタップし、[設定] をタップします。

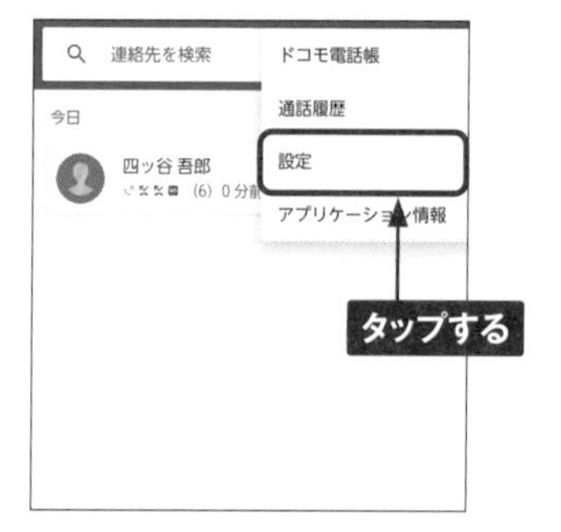

2 [ブロック中の電話番号] をタップします。

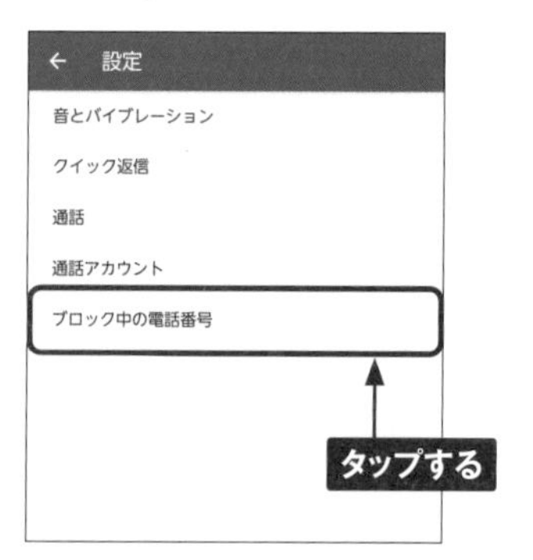

3 「ブロックした電話番号」画面が表示され、電話番号をブロックすることができます。

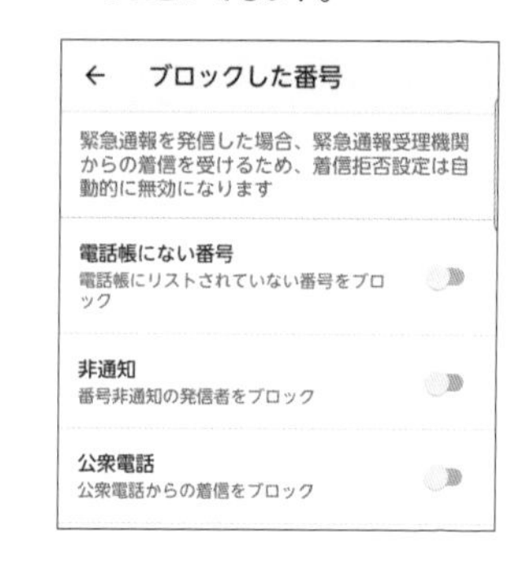

4 [番号を追加] をタップします。

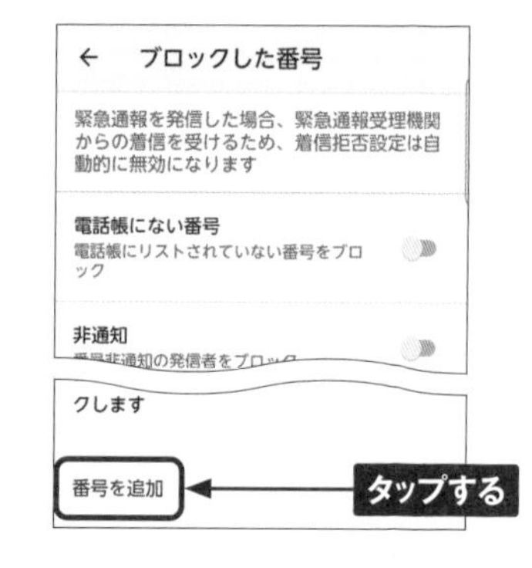

5 「電話番号入力」欄に拒否したい電話番号を入力し、[ブロック]をタップします。

6 入力した番号がブラックリストに登録されます。解除する場合は、×→[ブロックを解除]をタップします。

7 [非通知]や[公衆電話]をタップして  にすると、該当する相手からの着信を拒否できます。

MEMO

迷惑電話対策

「迷惑電話対策」を利用しても着信拒否を設定できます。P.56手順②の画面で[通話]→[迷惑電話対策]→[迷惑電話対策]→[OK]の順にタップして、設定します。

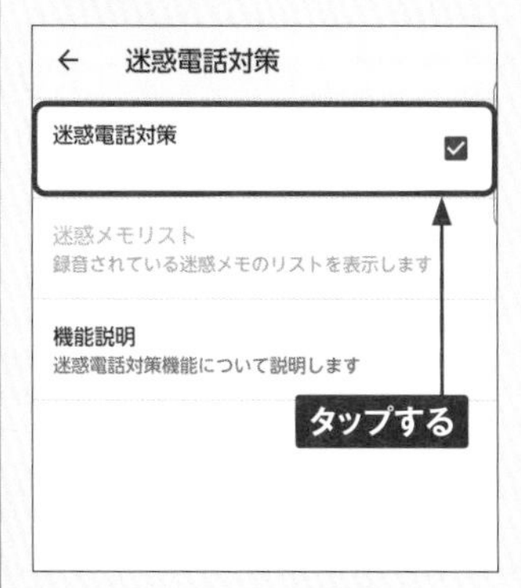

2

Section 17

音量・マナーモード・着信音を設定する

音量や着信音は「設定」アプリから変更できます。また、マナーモードには「バイブ」と「ミュート」の2つのモードがあります。マナーモード中でも、音楽などのメディアの音声は消音されません。

音楽やアラームなどの音量を調節する

① アプリ一覧画面で［設定］をタップして、［音］をタップします。

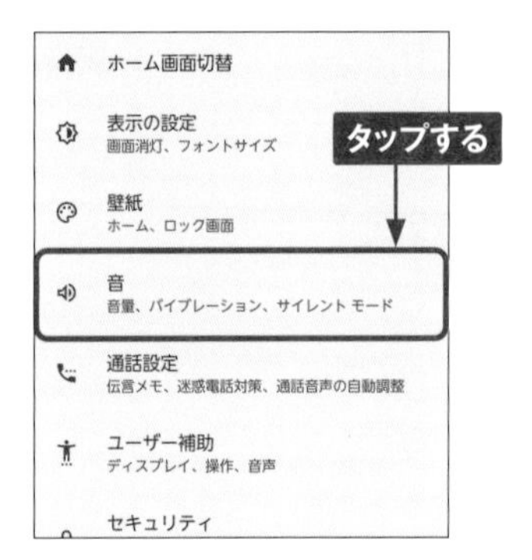

② 「音」画面が表示されます。「メディアの音量」の●を左右にドラッグして音楽や動画の音量を調節します。

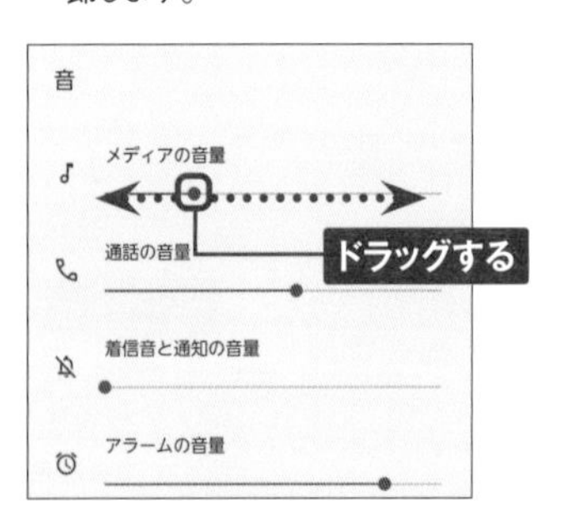

③ 手順②と同じ方法で、「着信音の音量」や「アラームの音量」も調節できます。画面左上の←をタップして、設定を完了します。

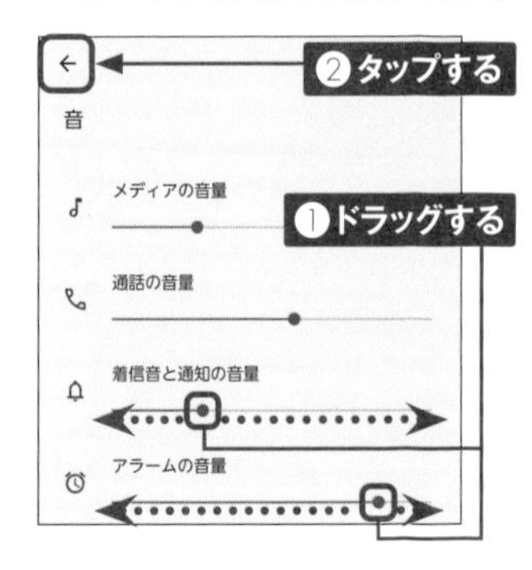

MEMO **操作音の設定**

手順③の画面で［詳細設定］をタップし、［ダイヤルパッドの操作音］などをタップして、を●にすると、操作音がオフになります。

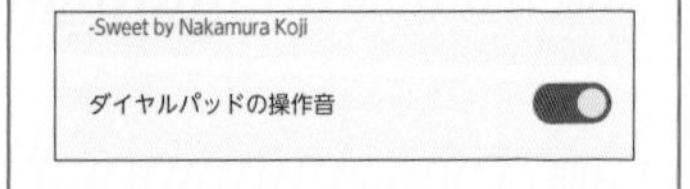

マナーモードを設定する

① 本体の右側面にある音量キーを押します。

② 🔔をタップします。

③ アイコンが📳になり、着信時などはバイブレータが動作します。📳をタップします。

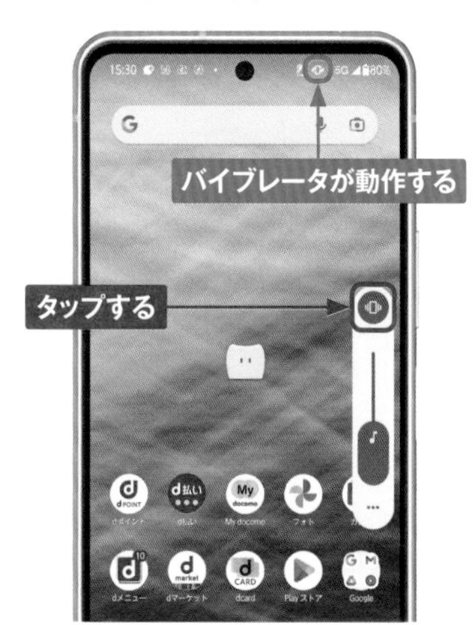

④ アイコンが🔕になり、着信時などはバイブレータは動作せず、音も鳴りません（アラームや動画、音楽は鳴ります）。🔕をタップすると、手順②の「状態」に戻ります。

Section 18

着信音を変更する

電話の着信音は、「設定」アプリから好みの着信音に変更できます。また、メールの通知音も、着信音と同様の手順で変更することができます。

着信音を変更する

1 P.58手順①の画面で［音］→［着信音］をタップします。

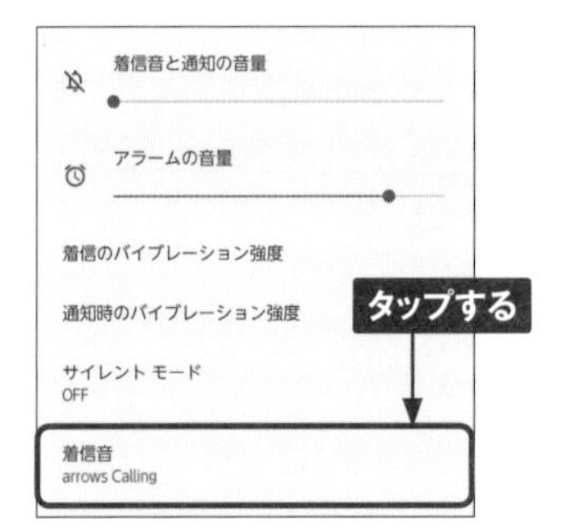

2 「着信音カテゴリ一覧」が表示されるので、［着信音］→［許可］をタップします。

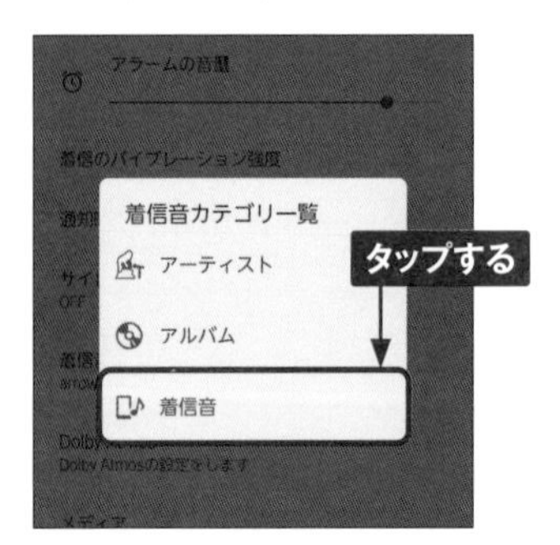

3 好みの着信音を選んでタップし、［OK］をタップすると、着信音が変更されます。

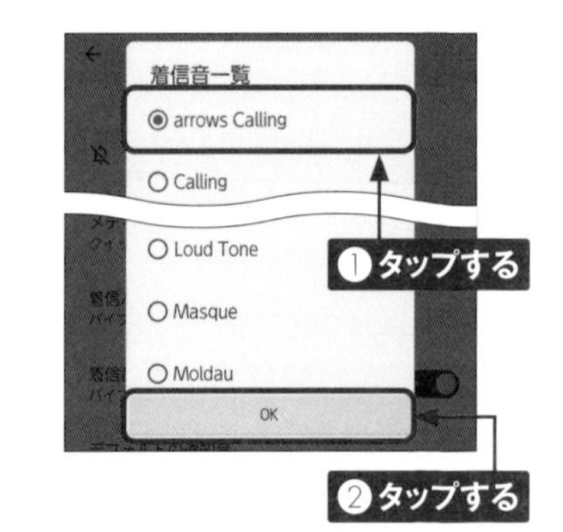

MEMO **通知音の変更**

通知音を変更する場合は、手順①の画面で［デフォルトの通知音］をタップし、手順②～③を参考に好みの通知音を選択し、［OK］をタップします。

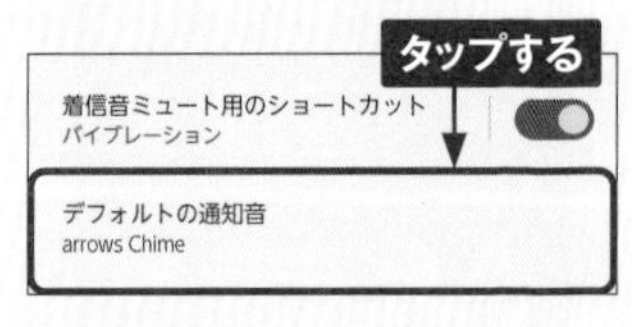

Chapter 3

インターネットとメールを利用する

Section 19

Webページを閲覧する

F-51Cでは、「Chrome」アプリでWebページを閲覧することができます。Googleアカウントでログインすることで、パソコン用の「Google Chrome」とブックマークや履歴の共有が行えます。

Webページを表示する

1 ホーム画面を表示して、をタップします。初回起動時はアカウントの確認画面が表示されるので、[同意して続行]をタップし、「同期を有効にしますか?」画面でアカウントを選択して[有効にする]をタップします。

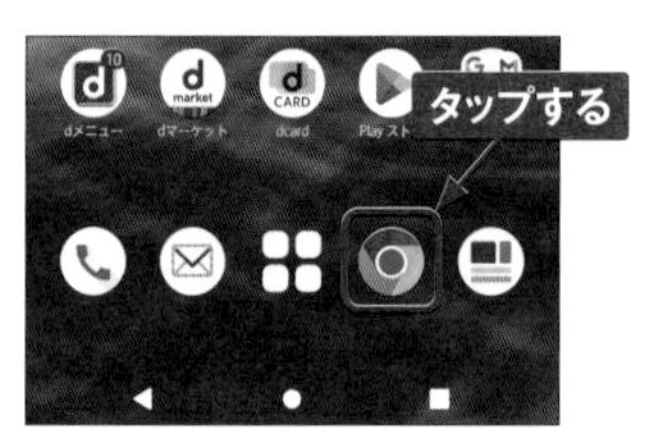

2 「Chrome」アプリが起動して、Webページが表示されます。「アドレスバー」が表示されない場合は、画面を下方向にフリックすると表示されます。

3 「アドレスバー」をタップし、URLを入力して、[実行]をタップします。

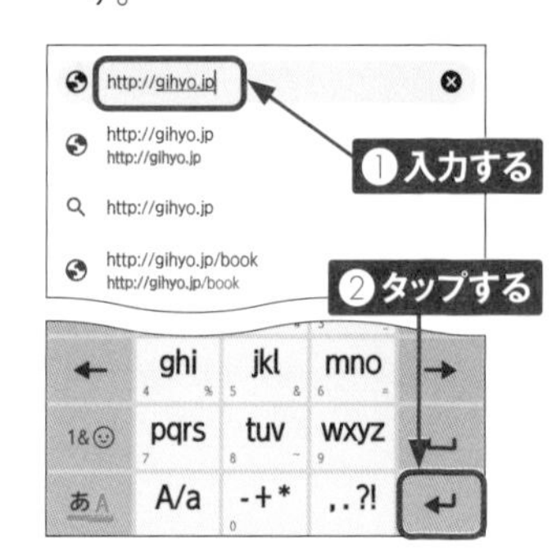

4 入力したURLのWebページが表示されます。

Webページを移動する

1 Webページの閲覧中に、リンク先のページに移動したい場合、ページ内のリンクをタップします。

2 ページが移動します。◀をタップすると、タップした回数分だけページが戻ります。

3 画面右上の⋮をタップして、→をタップすると、前のページに進みます。

4 ⋮をタップして、Cをタップすると、表示しているページが更新されます。

MEMO 「Chrome」アプリの更新

「Chrome」アプリの更新がある場合、手順②の画面右上の⋮が●になっていることがあります。その場合は、●→［Chromeを更新］→［更新］の順にタップして、「Chrome」アプリを更新しましょう。

Section 20

Webページを検索する

「Chrome」アプリの「アドレスバー」に文字列を入力すると、Google検索が利用できます。また、Webページ内の文字を選択して、Google検索を行うことも可能です。

キーワードを入力してWebページを検索する

1 Webページを開いた状態で、「アドレスバー」をタップします。

2 検索したいキーワードを入力して、[実行] をタップします。

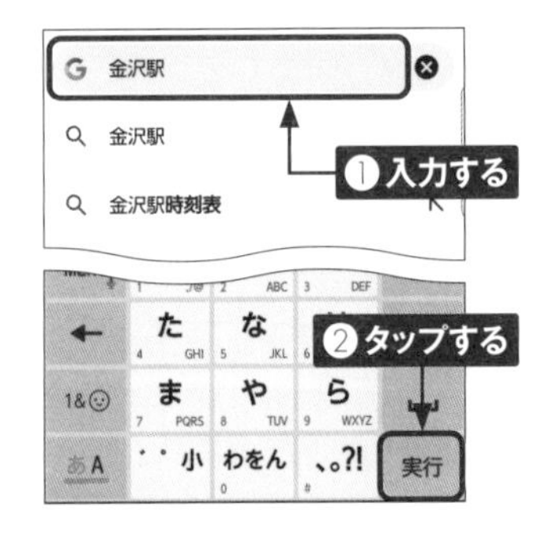

3 Google検索が実行され、検索結果が表示されるので、開きたいページのリンクをタップします。

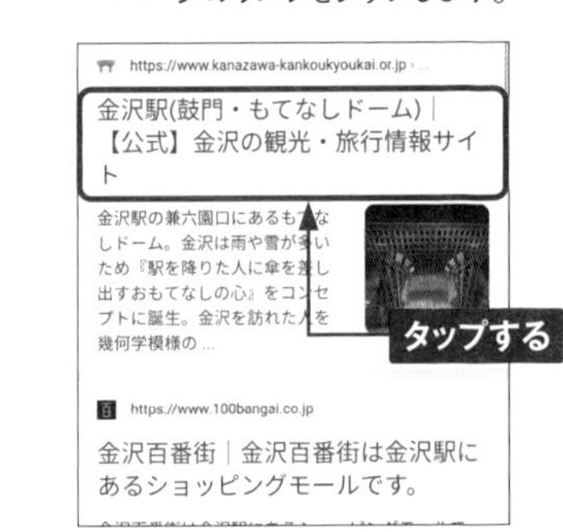

4 リンク先のページが表示されます。手順③の検索結果画面に戻る場合は、◀をタップします。

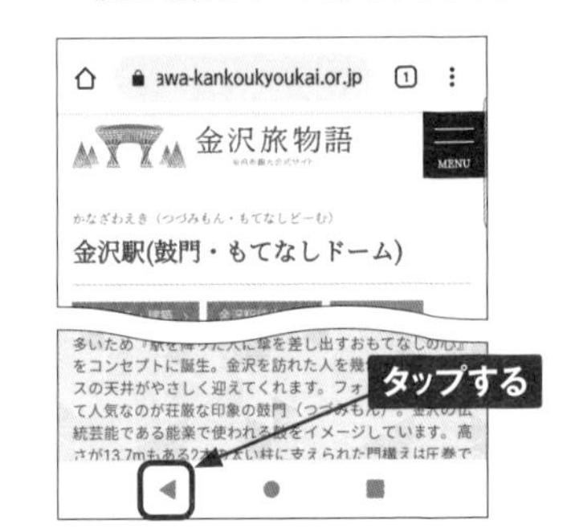

Webページ内のキーワードを選択してWebページを検索する

1 Webページ内の文字列をタップします。

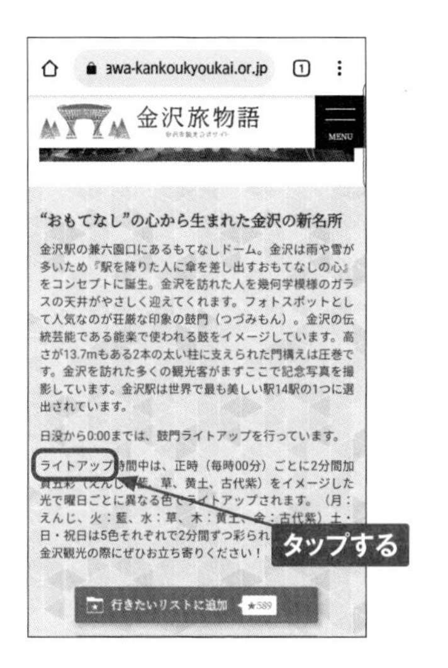

2 タップした文字列がハイライトで表示されます。画面下部の表示をタップします。

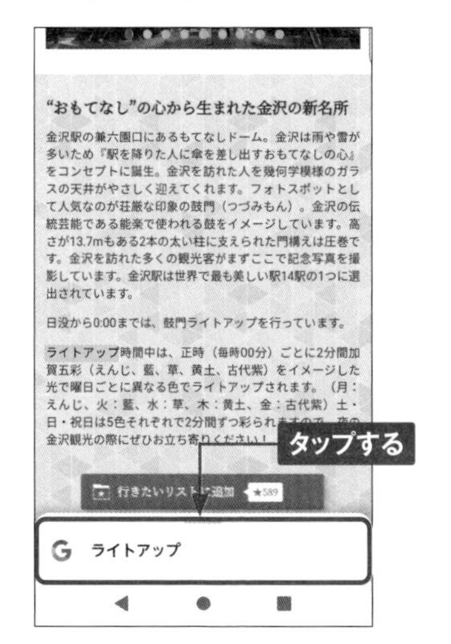

3 検索結果が表示されます。上下にスライドしてリンクをタップすると、リンク先のページが表示されます。

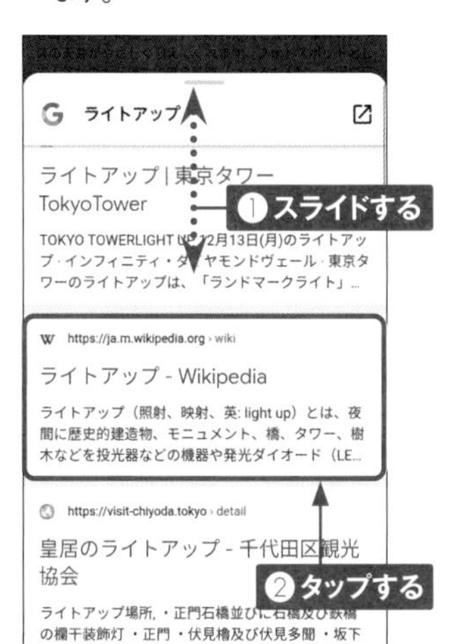

MEMO **ページ内検索**

「Chrome」アプリでWebページを表示し、⋮→［ページ内検索］の順にタップします。表示される検索バーにテキストを入力すると、ページ内の合致したテキストがハイライト表示されます。

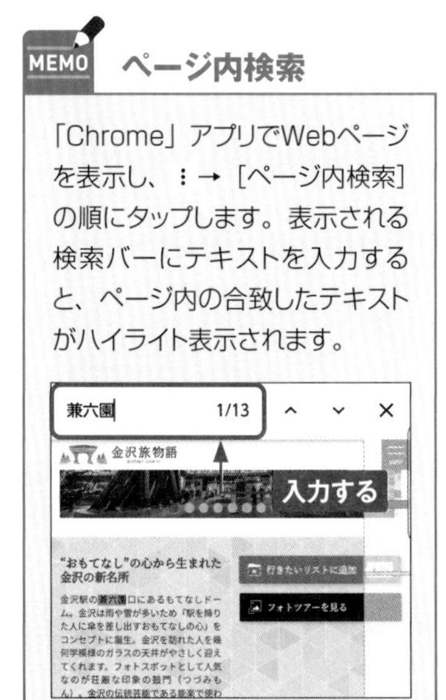

3

Section 21

複数のWebページを同時に開く

「Chrome」アプリでは、複数のWebページをタブを切り替えて同時に開くことができます。複数のページを交互に参照したいときや、常に表示しておきたいページがあるときに利用すると便利です。

Webページを新しいタブで開く

1 「アドレスバー」を表示して（P.62参照）、⋮をタップします。

2 ［新しいタブ］をタップします。

3 新しいタブが表示されます。

MEMO **タブのグループ化とは**

「Chrome」アプリでは、複数のタブを1つにグループ化してまとめて管理するタブグループ機能が利用できます（P.68～69参照）。ニュースサイトごと、SNSごとというように、サイトごとにタブをまとめるなど、便利に使える機能です。

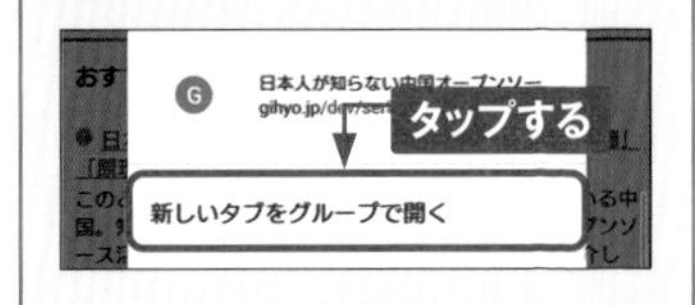

複数のタブを切り替える

1 複数のタブを開いた状態でタブ切り替えアイコンをタップします。

2 現在開いているタブの一覧が表示されるので、表示したいタブをタップします。

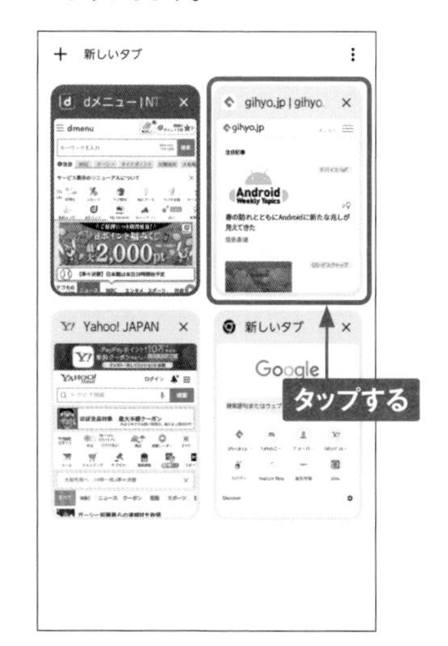

3 表示するタブが切り替わります。

MEMO タブを閉じるには

不要なタブを閉じたいときは、手順②の画面で、右上の×をタップします。なお、最後に残ったタブを閉じると、「Chrome」アプリが終了します。

タブをグループで開く

1 ページ内のリンクをロングタッチします。

2 ［新しいタブをグループで開く］をタップします。

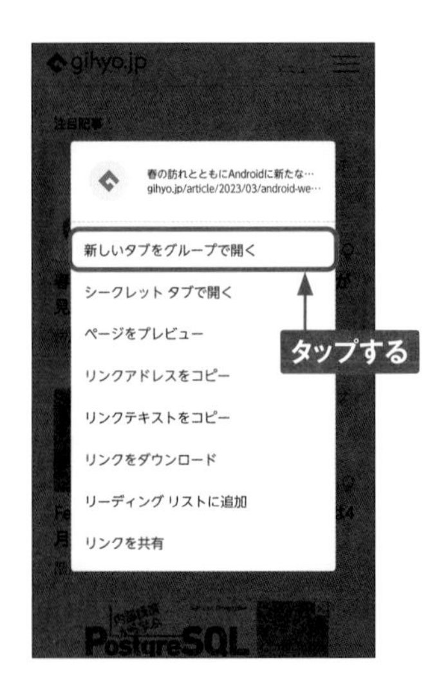

3 リンク先のページが新しいタブで開きます。グループ化されており、画面下にタブの切り替えアイコンが表示されます。別のアイコンをタップします。

4 リンク先のページが表示されます。

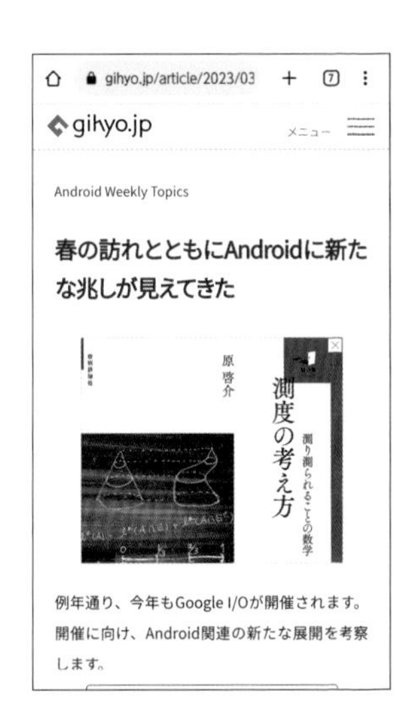

グループ化したタブを整理する

1 P.68手順③の画面で＋をタップすると、グループ内に新しいタブが追加されます。画面右上のタブ切り替えアイコンをタップします。

2 現在開いているタブの一覧が表示され、グループ化されているタブは1つのタブの中に複数のタブがまとめられていることがわかります。グループ化されているタブをタップします。

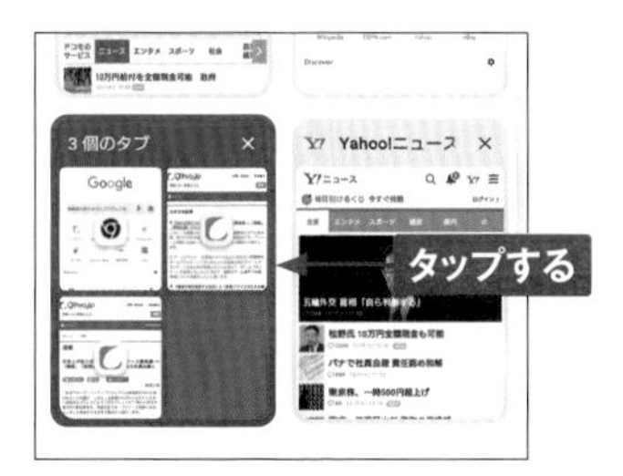

3 グループ内のタブが表示されます。タブの右上の［×］をタップします。

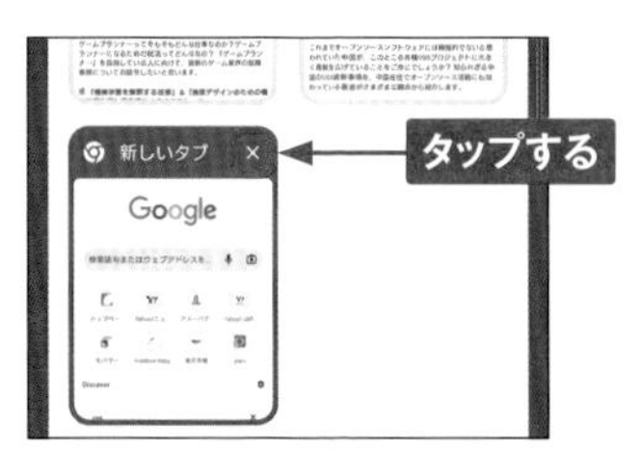

4 グループ内のタブが閉じます。←をタップします。

5 現在開いているタブの一覧に戻ります。タブグループにタブを追加したい場合は、追加したいタブをロングタッチし、タブグループにドラッグします。

6 タブグループにタブが追加されます。

3

Section 22

Application

ブックマークを利用する

「Chrome」アプリでは、WebページのURLを「ブックマーク」に追加し、好きなときにすぐに表示することができます。よく閲覧するWebページはブックマークに追加しておくと便利です。

ブックマークを追加する

1 ブックマークに追加したいWebページを表示して、⋮をタップします。

2 ☆をタップします。

3 ブックマークが追加されます。追加直後に正面下部に表示される［編集］をタップします。

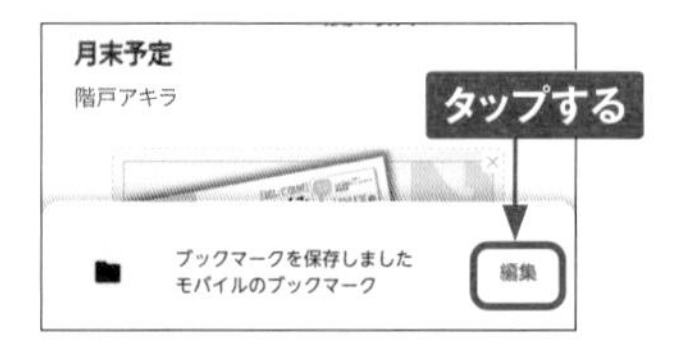

4 名前や保存先のフォルダなどを編集し、←をタップします。

MEMO ホーム画面にショートカットを配置するには

手順②の画面で［ホーム画面に追加］をタップすると、表示しているWebページをホーム画面にアイコンとして配置できます。

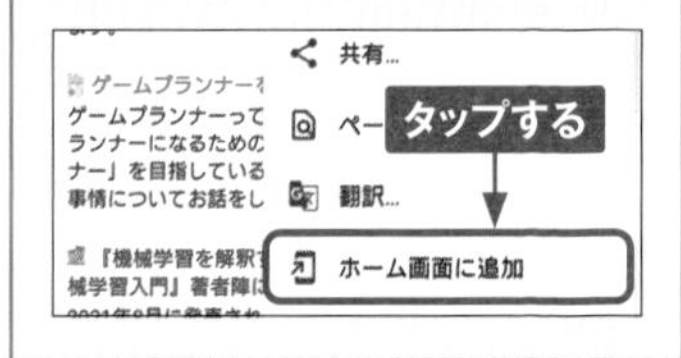

ブックマークからWebページを表示する

1 「Chrome」アプリを起動し、「アドレスバー」を表示して（P.62参照）、⋮をタップします。

2 ［ブックマーク］をタップします。

3 ここでは［モバイルのブックマーク］をタップします。

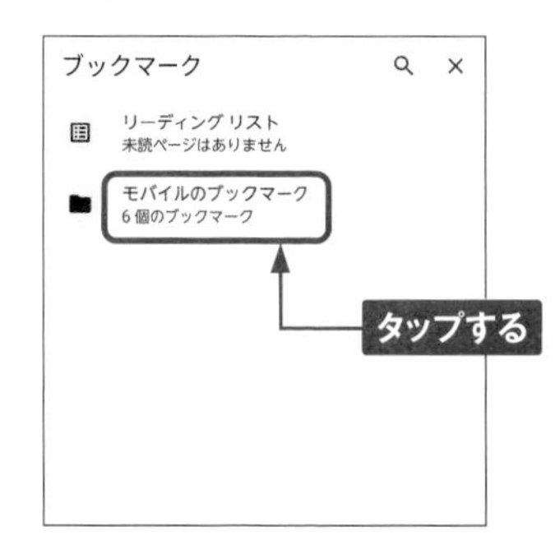

4 「モバイルのブックマーク」画面が表示されるので、閲覧したいブックマークをタップします。

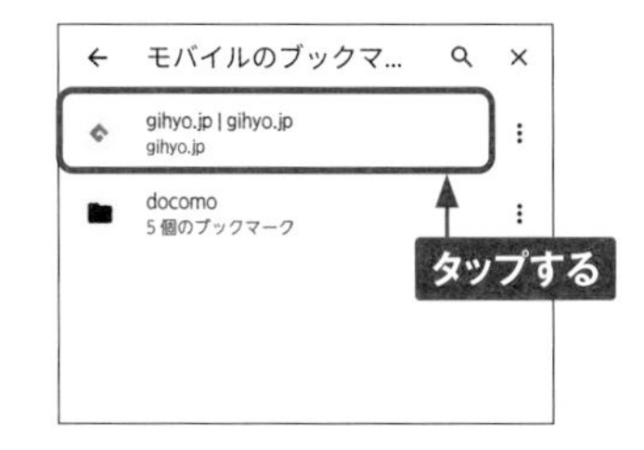

5 ブックマークしたWebページが表示されます。

MEMO ブックマークの削除

手順④の画面で削除したいブックマークの⋮をタップし、［削除］をタップすると、ブックマークを削除できます。［編集］をタップすると、名前を変更できます。

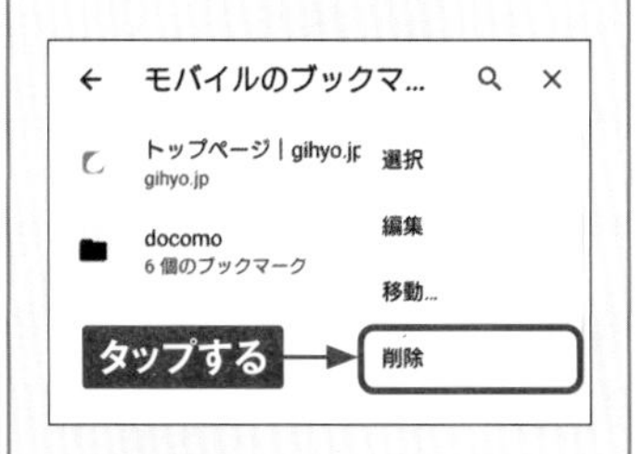

Section 23

利用できるメールの種類

F-51Cでは、ドコモメール（@docomo.ne.jp）やSMS、+メッセージを利用できるほか、GmailおよびYahoo!メールなどのパソコンのメールも使えます。

ドコモメール

NTTドコモの提供するメールです。「@docomo.ne.jp」のアドレスが使えます。iモードと同じアドレスが使用可能です。

SMSと+メッセージ

相手の携帯電話番号宛にメッセージを送信します。従来のSMSとそれを拡張した+メッセージ（P.73 MEMO参照）を利用できます。

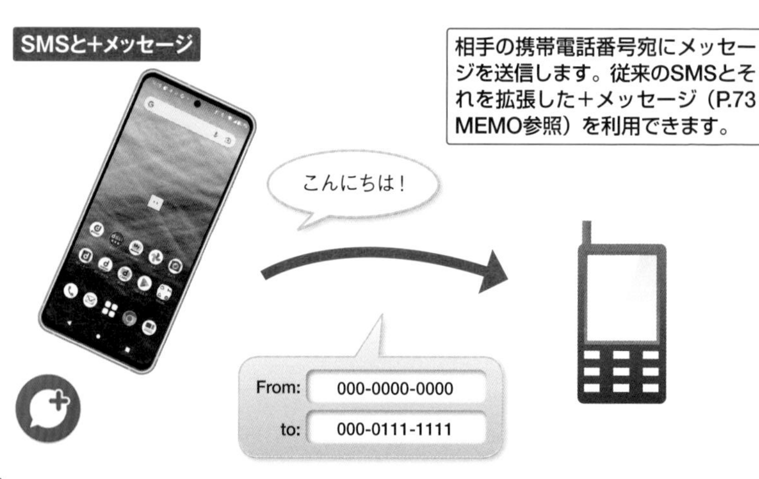

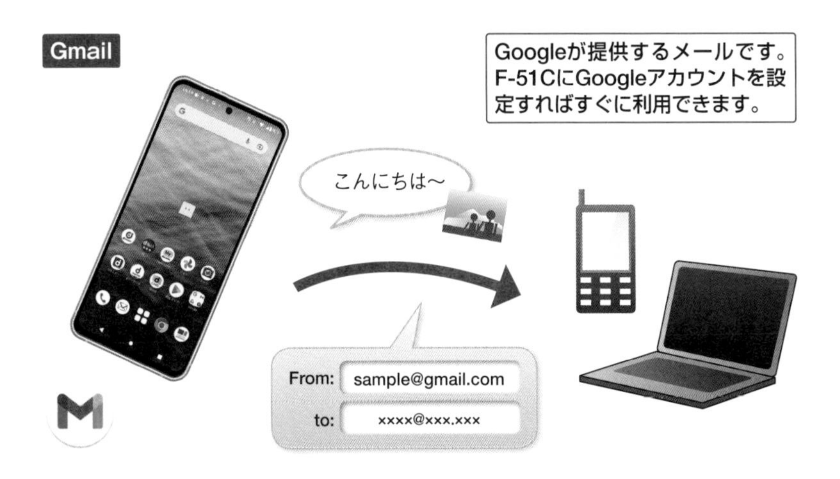

3

MEMO

+メッセージについて

+メッセージは、従来のSMSを拡張したものです。宛先に相手の携帯電話番号を指定するのはSMSと同じですが、文字だけしか送信できないSMSと異なり、スタンプや写真、動画などを送ることができます。ただし、SMSは相手を問わず利用できるのに対し、+メッセージは、相手も+メッセージを利用している場合のみやり取りが行えます。相手が+メッセージを利用していない場合は、SMSとして文字のみが送信されます。+メッセージは、NTTドコモ、au、ソフトバンクのAndroidスマートフォンとiPhoneで利用できます。

Section 24

ドコモメールを設定する

F-51Cでは「ドコモメール」を利用できます。ここでは、ドコモメールの初期設定方法を解説します。なお、ドコモショップなどで、すでに設定を行っている場合は、ここでの操作は必要ありません。

ドコモメールの利用を開始する

1 ホーム画面で✉をタップします。「ドコモメール」アプリがインストールされていない場合は、[アップデート]をタップしてインストールを行い、アプリを起動します。

2 アクセスの許可が求められるので、[次へ]をタップします。

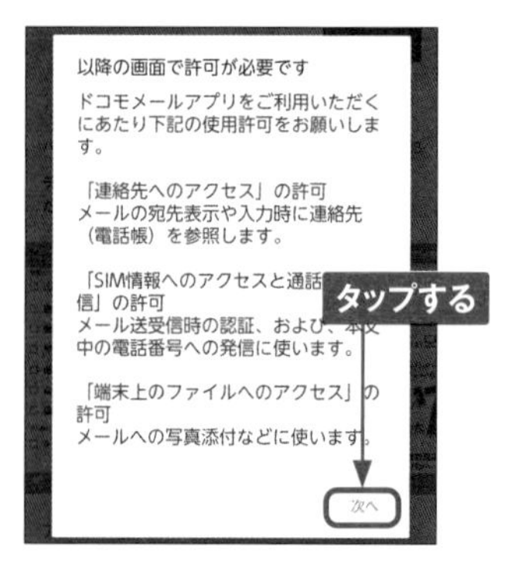

3 [許可]をタップして進みます。

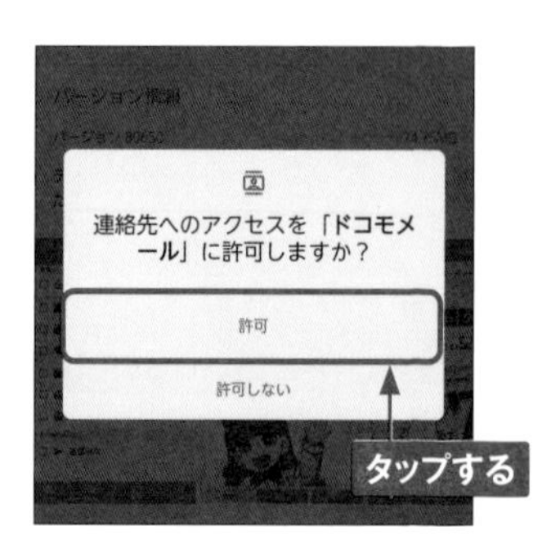

4 プライバシーポリシーや利用規約が表示されたら、[利用開始]をタップします。

5 「ドコモメールアプリ更新情報」画面が表示されたら、[閉じる]をタップします。

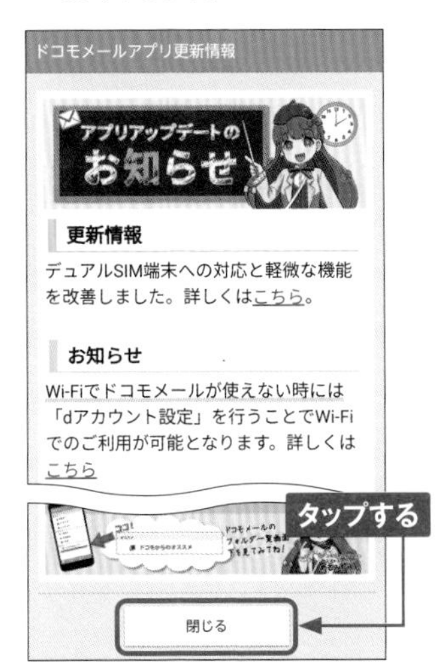

6 「文字サイズ設定」画面が表示されたら、使用したい文字サイズをタップし、[OK]をタップします。

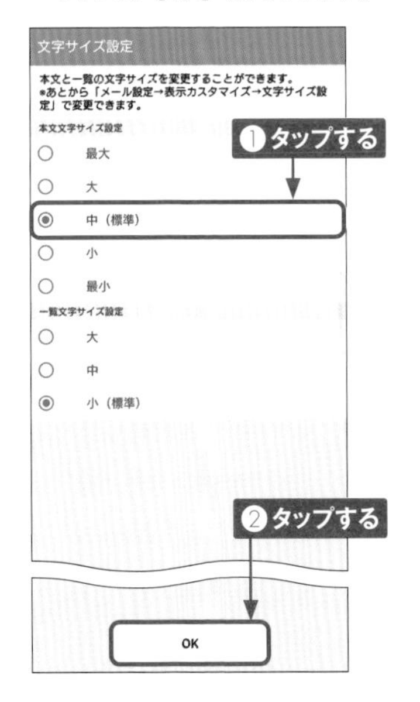

7 「フォルダ一覧」画面が表示され、ドコモメールが利用できるようになります。

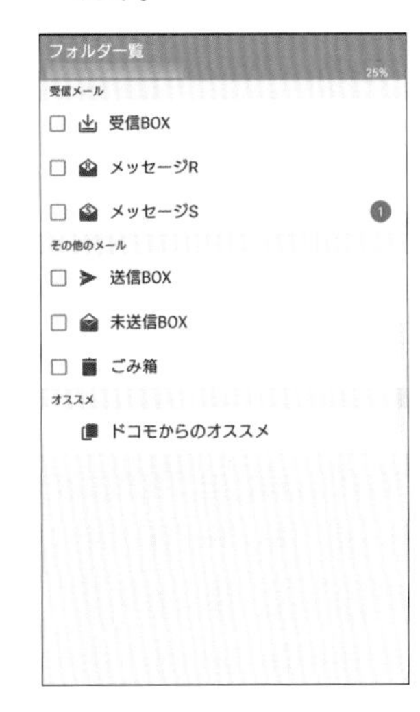

8 次回からは、P.76手順①で✉をタップするだけで手順⑦の画面が表示されます。

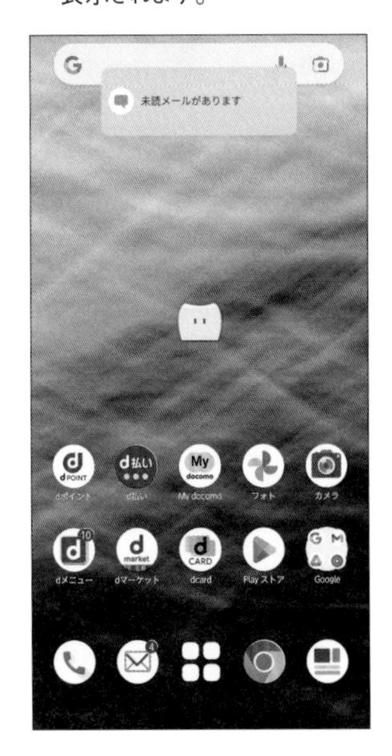

ドコモメールのアドレスを変更する

1 Sec.65を参考にあらかじめWi-Fiをオフにしておきます。新規契約の場合など、メールアドレスを変更したい場合は、ホーム画面で✉をタップします。

2 「フォルダー覧」画面が表示されます。画面右下の[その他]をタップします。

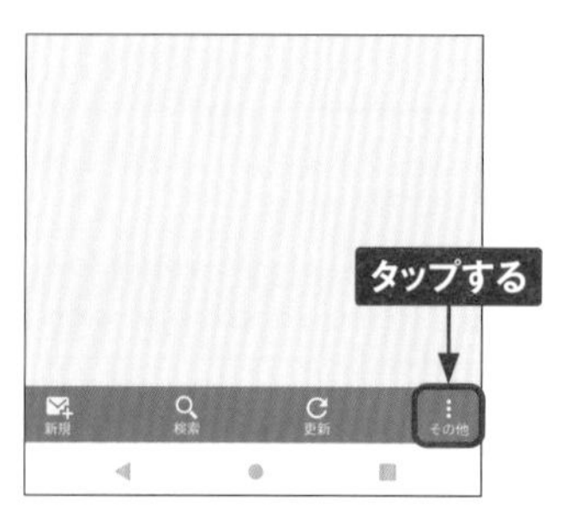

3 [メール設定]をタップします。

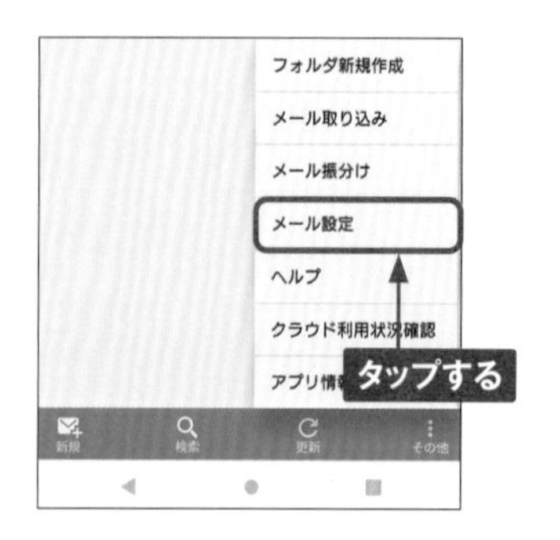

4 [ドコモメール設定サイト]をタップします。

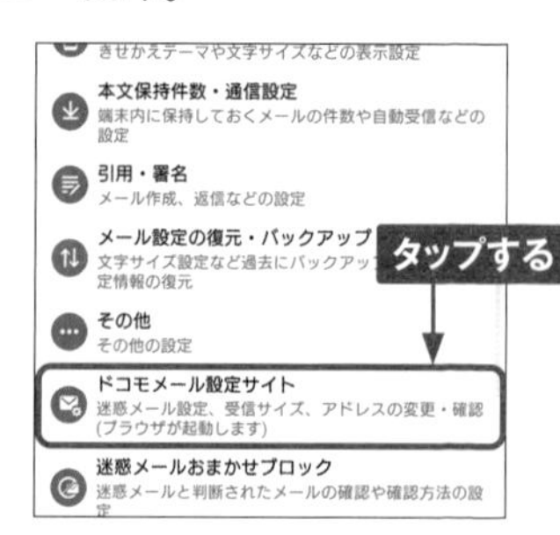

5 「パスワード確認」画面が表示されたら、携帯電話番号を確認して、spモードパスワードを入力し、[spモードパスワード確認]をタップします。

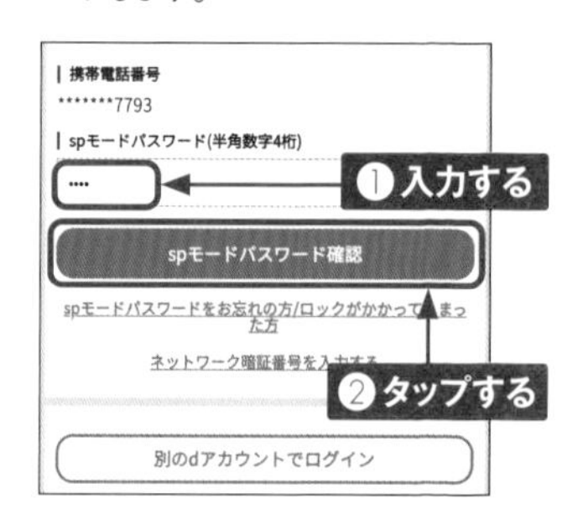

6 「メール設定」画面で画面を上方向にスライドして、[メールアドレスの変更]をタップします。

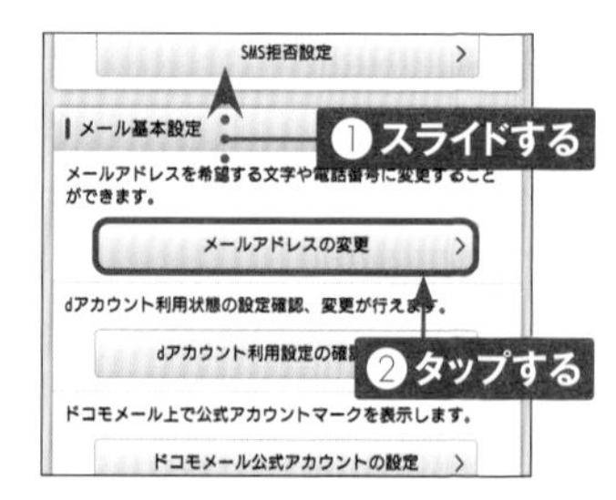

7 画面を上方向にスライドして、メールアドレスの変更方法をタップして選択します。ここでは［自分で希望するアドレスに変更する］をタップします。

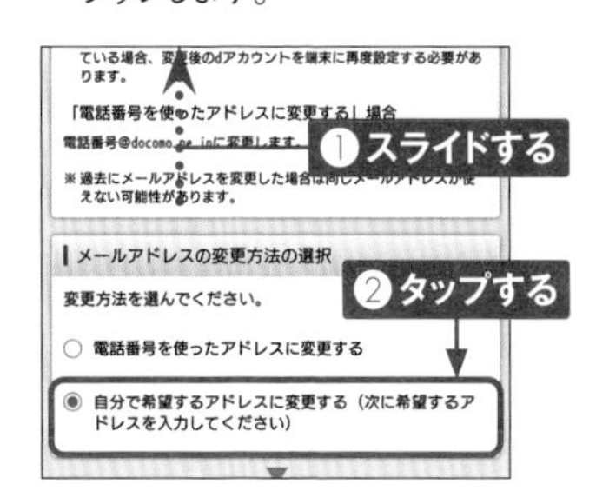

8 画面を上方向にスライドして、希望するメールアドレスを入力し、［確認する］をタップします。

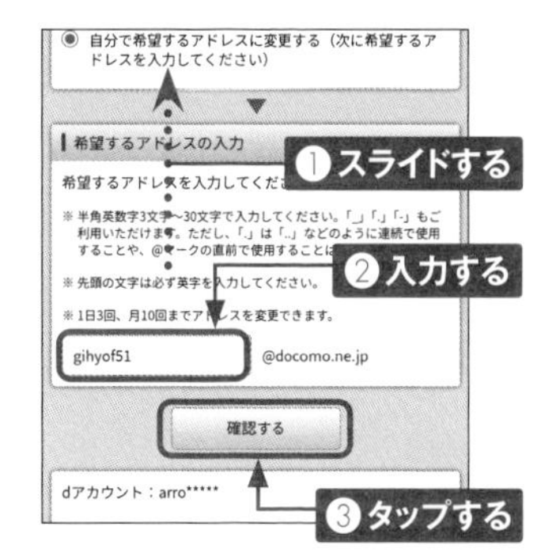

9 ［設定を確定する］をタップします。なお、［修正する］をタップすると、手順⑧の画面でアドレスを修正して入力できます。

10 メールアドレスが変更されました。◀を何度かタップして、Webページを閉じます。

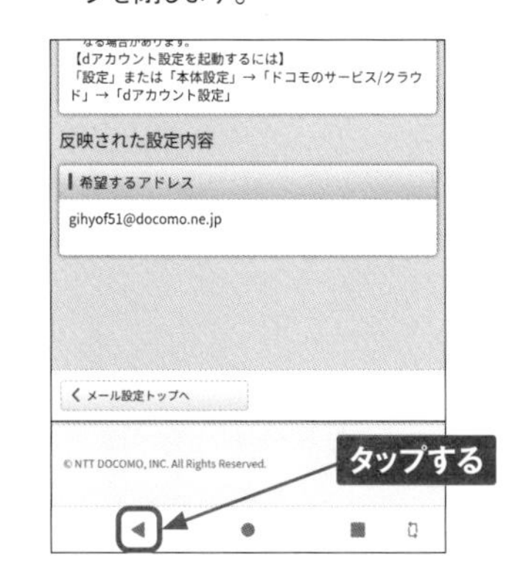

11 P.76手順④の画面に戻るので、［その他］→［マイアドレス］をタップします。

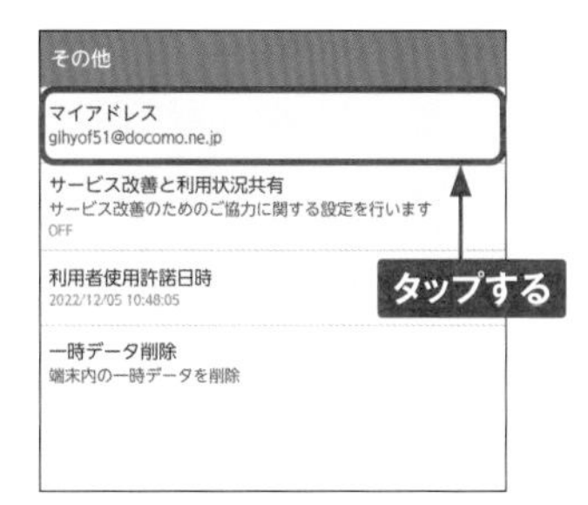

12 「マイアドレス」画面で［マイアドレス情報を更新］をタップし、更新が完了したら、［OK］をタップします。

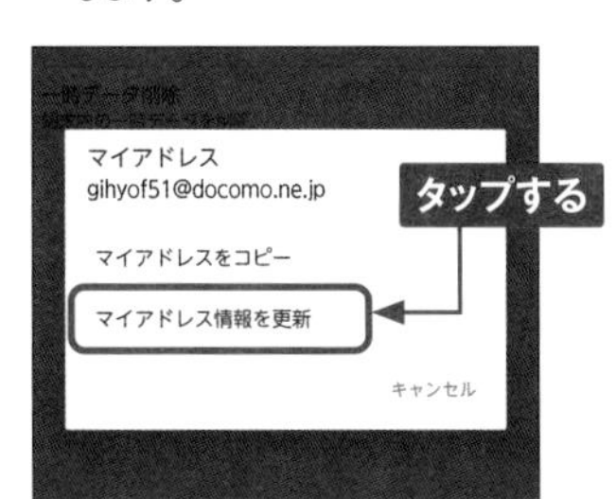

3

受信したメールを閲覧する

1 メールを受信すると通知が表示されるので、[メールアイコン]をタップします。

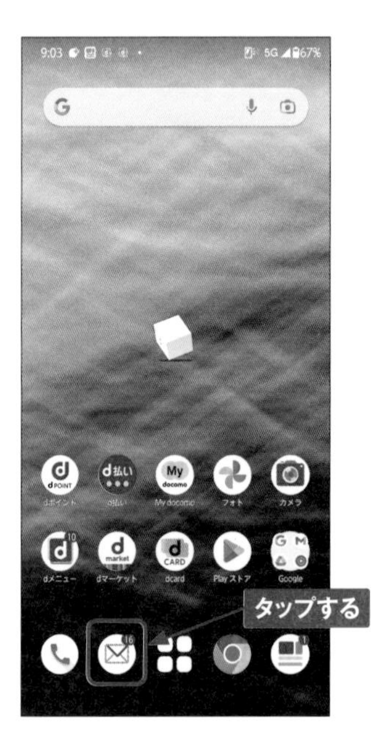

2 「フォルダ一覧」画面が表示されたら、[受信BOX]をタップします。

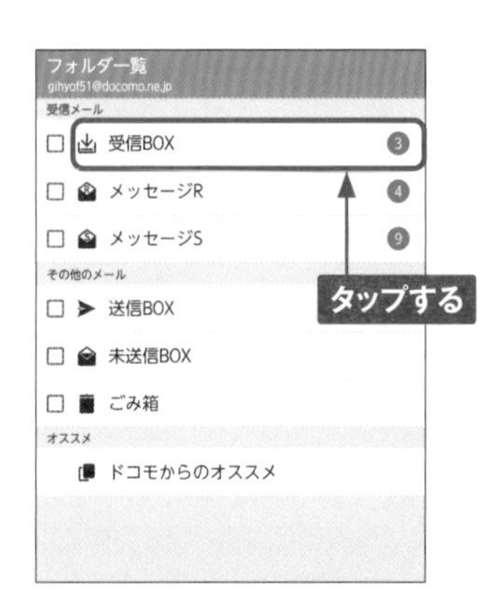

3 受信したメールの一覧が表示されます。内容を閲覧したいメールをタップします。

4 メールの内容が表示されます。宛先横の[▼]をタップすると、宛先のアドレスと件名が表示されます。

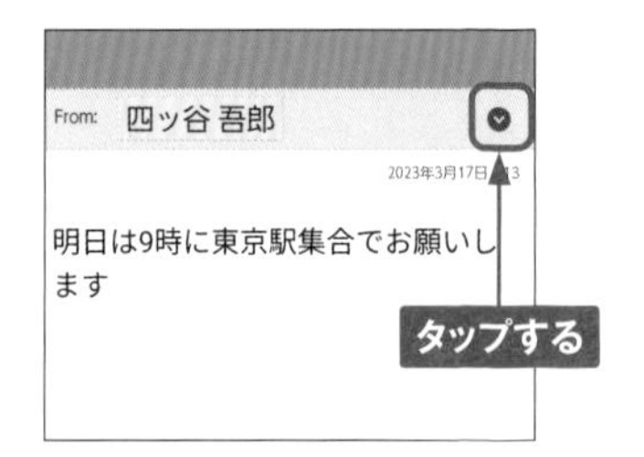

MEMO メールの削除

「受信BOX」画面で削除したいメールの左にある□をタップしてチェックを付け、画面下部のメニューから[削除]をタップすると、メールを削除できます。

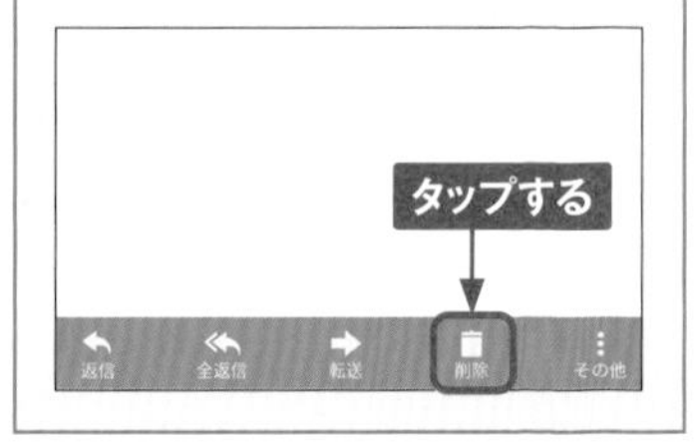

受信したメールに返信する

1 P.78を参考に受信したメールを表示し、画面左下の［返信］をタップします。

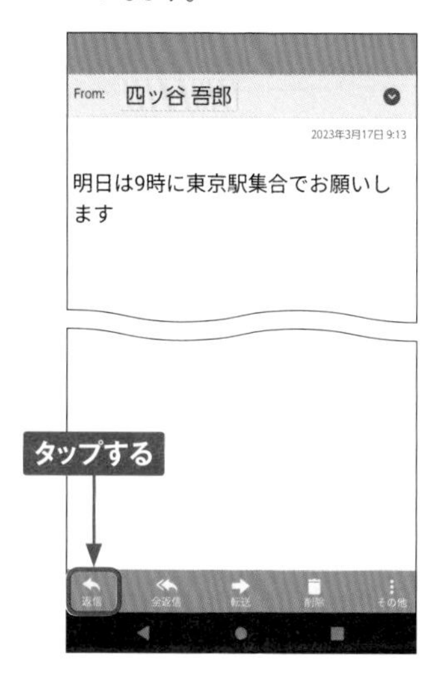

2 「作成」画面が表示されるので、相手に返信する本文を入力します。

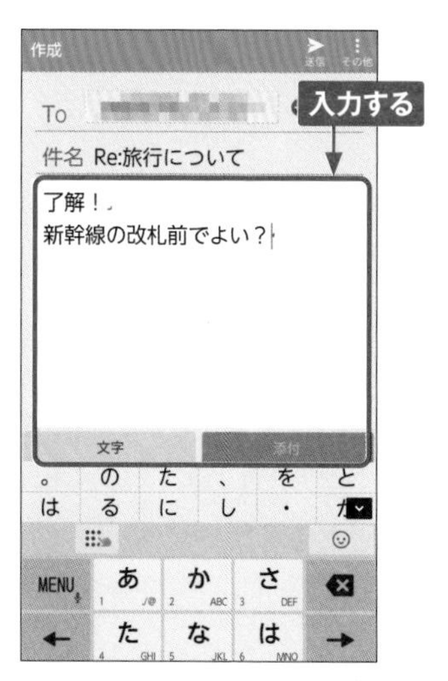

3 ［送信］をタップすると、メールの返信が行えます。

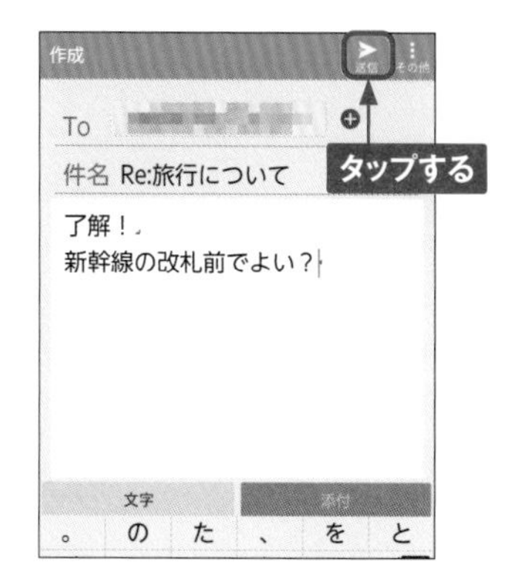

フォルダの作成

ドコモメールではフォルダでメールを管理できます。フォルダを作成するには、「フォルダ一覧」画面で画面右下の［その他］→［フォルダ新規作成］の順にタップします。

Section 25

ドコモメールを利用する

変更したメールアドレスで、ドコモメールを使ってみましょう。ほかの携帯電話とほとんど同じ感覚で、メールの閲覧や返信、新規作成が行えます。

メールを新規作成する

1 ホーム画面で✉をタップします。

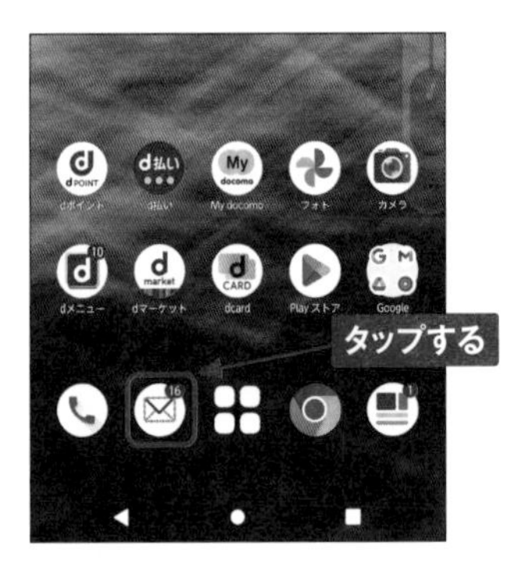

2 画面左下の［新規］をタップします。［新規］が表示されないときは、◀を何度かタップします。

3 新規メールの「作成」画面が表示されるので、囲をタップします。「To」欄に直接メールアドレスを入力することもできます。

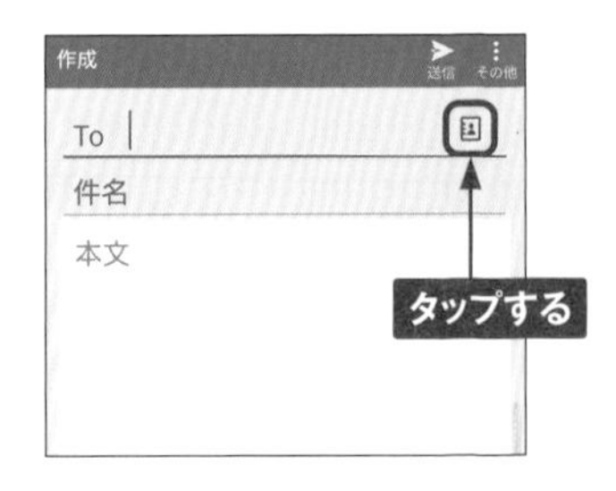

4 電話帳に登録した連絡先のアドレスが名前順に表示されるので、送信したい宛先をタップしてチェックを付け、［決定］をタップします。履歴から宛先を選ぶこともできます。

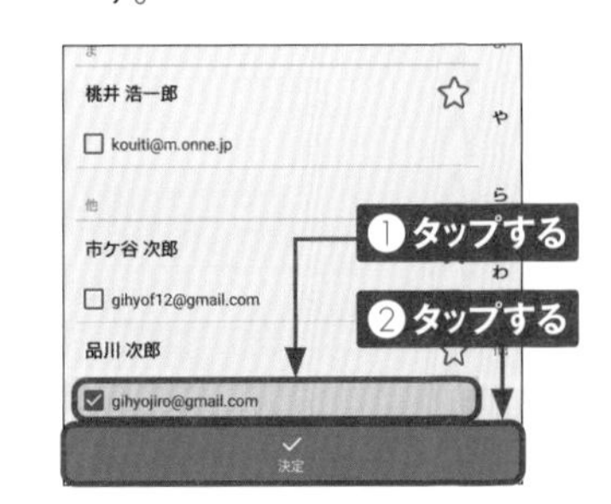

5 「件名」欄をタップして、件名を入力し、「本文」欄をタップします。

6 メールの本文を入力します。

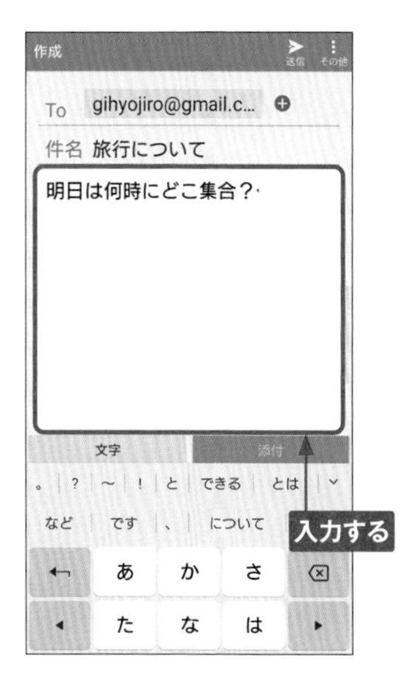

7 ［送信］をタップすると、メールを送信できます。なお、［添付］をタップすると、写真などのファイルを添付できます。

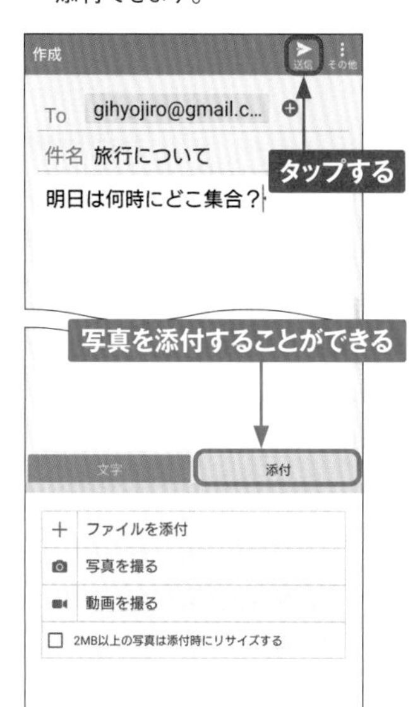

MEMO **文字サイズの変更**

ドコモメールでは、メール本文や一覧表示時の文字サイズを変更することができます。P.76手順②で画面右下の［その他］をタップし、［メール設定］→［表示カスタマイズ］→［文字サイズ設定］の順にタップし、好みの文字サイズをタップします。

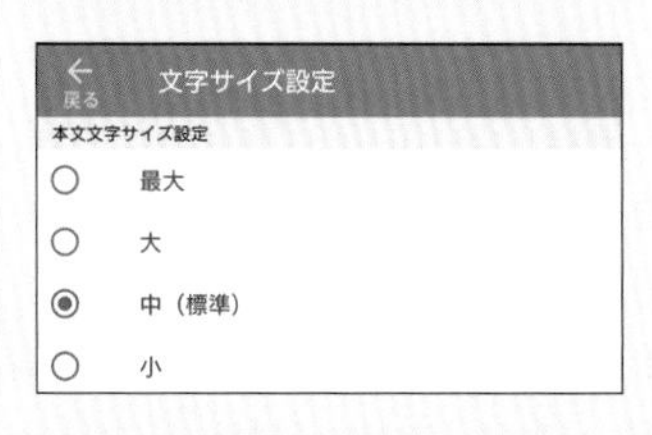

3

Section 26

メールを自動振分けする

ドコモメールは、送受信したメールを自動的に任意のフォルダへ振分けることも可能です。ここでは、振分けのルールの作成手順を解説します。

振分けルールを作成する

① 「フォルダ一覧」画面で画面右下の［その他］をタップし、［メール振分け］をタップします。

② 「振分けルール」画面が表示されるので、［新規ルール］をタップします。

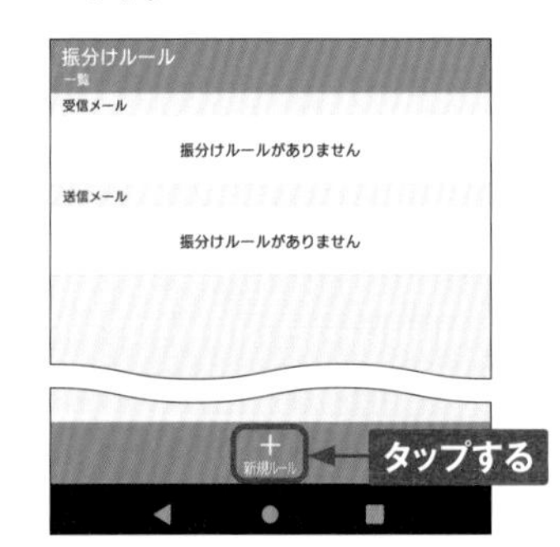

③ ［受信メール］または［送信メール］（ここでは［受信メール］）をタップします。

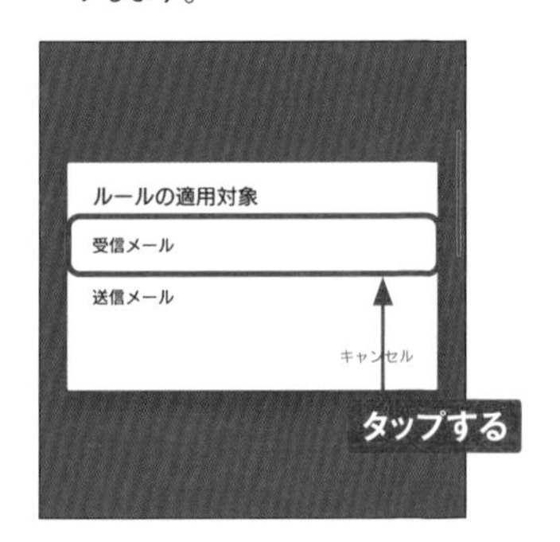

MEMO 振分けルールの作成

ここでは、「『件名』に『重要』というキーワードが含まれるメールを受信したら、自動的に『要確認』フォルダに移動させる」という振分けルールを作成しています。なお、手順③で［送信メール］をタップすると、送信したメールの振分けルールを作成できます。

4 「振分け条件」の［新しい条件を追加する］をタップします。

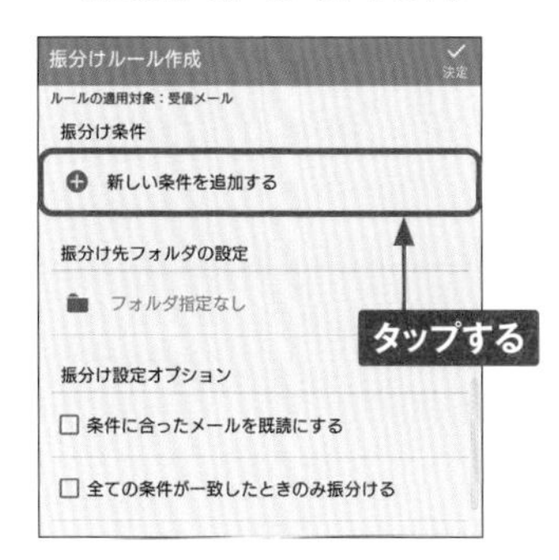

5 振分けの条件を設定します。「対象項目」のいずれか（ここでは、［件名で振り分ける］）をタップします。

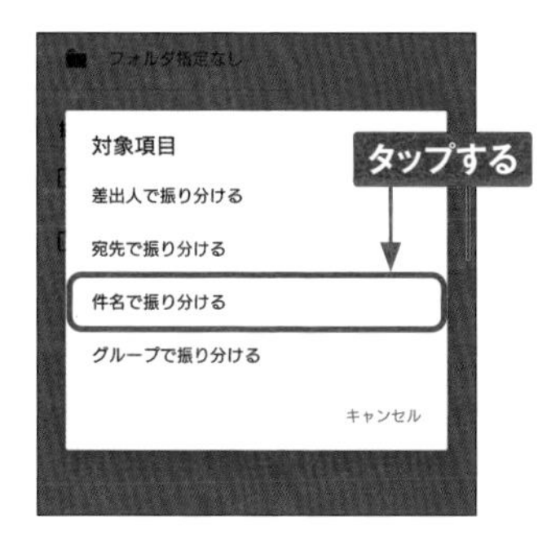

6 任意のキーワード（ここでは「重要」）を入力して、［決定］をタップします。

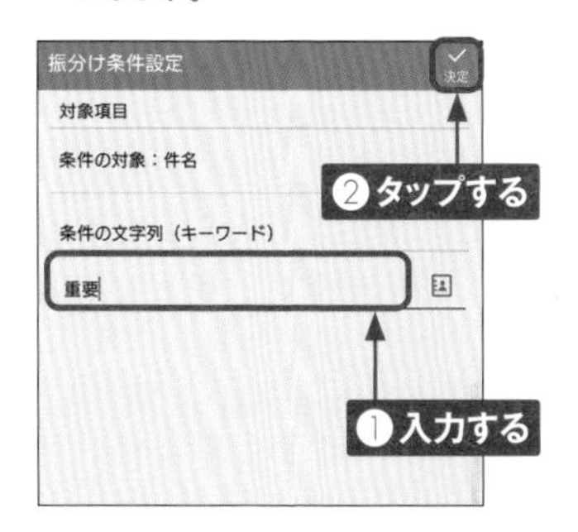

7 手順④の画面に戻るので［フォルダ指定なし］をタップし、［振分け先フォルダを作る］をタップします。

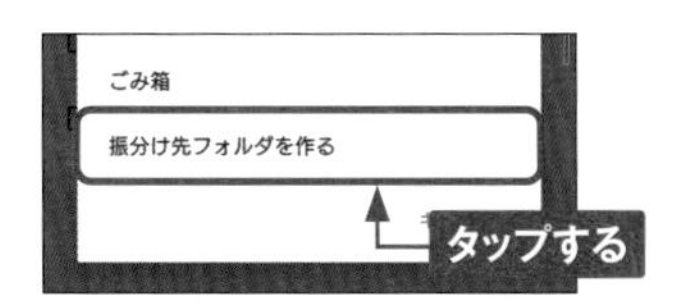

8 フォルダ名を入力し、［決定］をタップします。「確認」画面が表示されたら、［OK］をタップします。

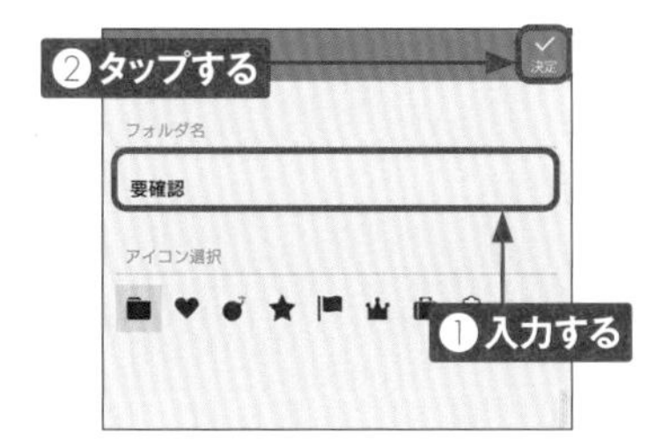

9 ［決定］をタップします。「振分け」画面が表示されたら、［はい］をタップします。

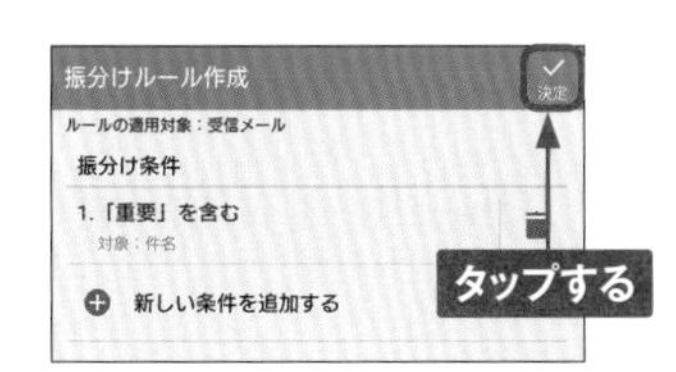

10 振分けルールが新規登録されます。

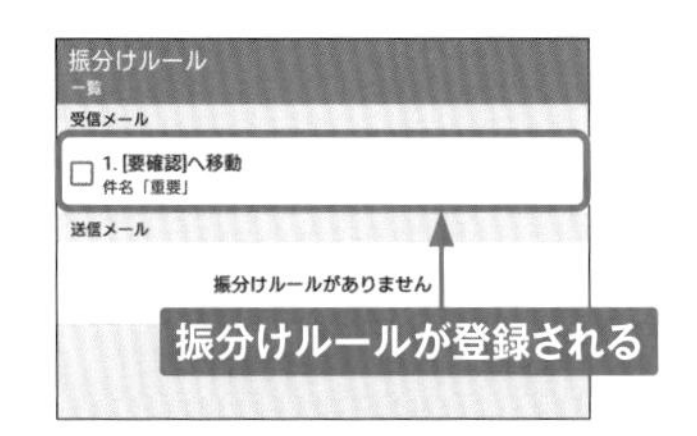

3

Section 27

迷惑メールを防ぐ

ドコモメールでは、受信したくないメールを、ドメインやアドレス別に細かく設定することができます。スパムメールなどの受信を拒否したい場合などに設定しておきましょう。

迷惑メールフィルターを設定する

1 Sec.65を参考にあらかじめWi-Fiをオフにしておきます。ホーム画面で✉をタップします。

2 「フォルダ一覧」画面で画面右下の［その他］をタップし、［メール設定］をタップします。

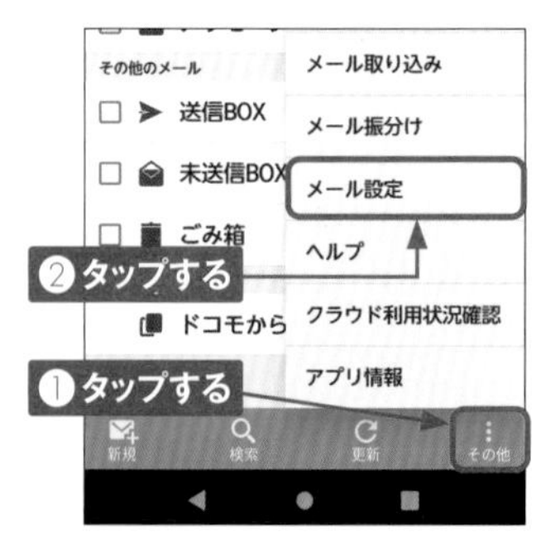

3 ［ドコモメール設定サイト］をタップします。

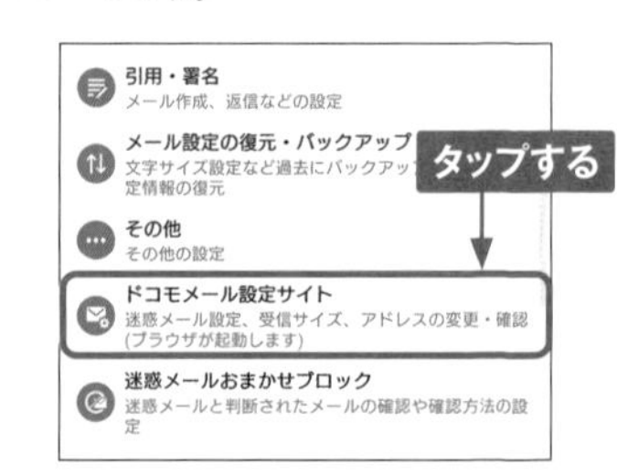

MEMO 迷惑メールおまかせブロックとは

ドコモでは、迷惑メールフィルターの設定のほかに、迷惑メールを自動で判定してブロックする「迷惑メールおまかせブロック」という、より強力な迷惑メール対策サービスがあります。月額利用料金は220円（税込）ですが、これは「あんしんセキュリティ」の料金なので、同サービスを契約していれば、「迷惑メールおまかせブロック」も追加料金不要で利用できます。

4 「パスワード確認」画面が表示されたら、spモードパスワードを入力して、[spモードパスワード確認]をタップします。

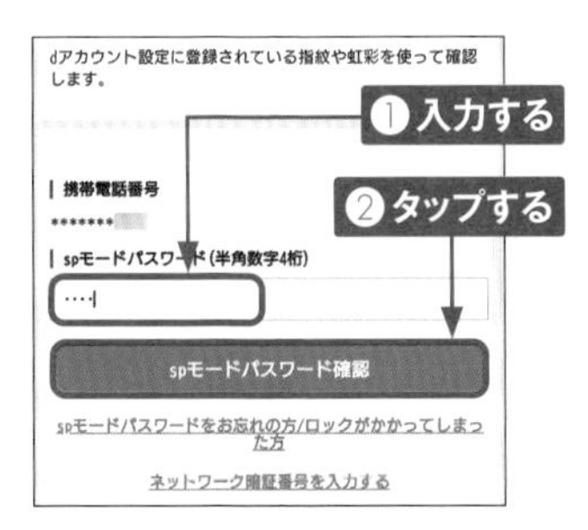

5 「メール設定」画面で、「利用シーンに合わせた設定」欄の[拒否リスト設定]をタップします。

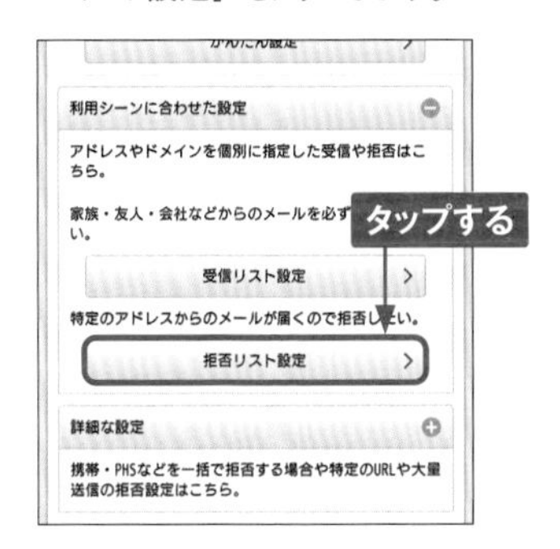

6 「拒否リスト設定」の[設定を利用する]をタップして上方向にスライドします。

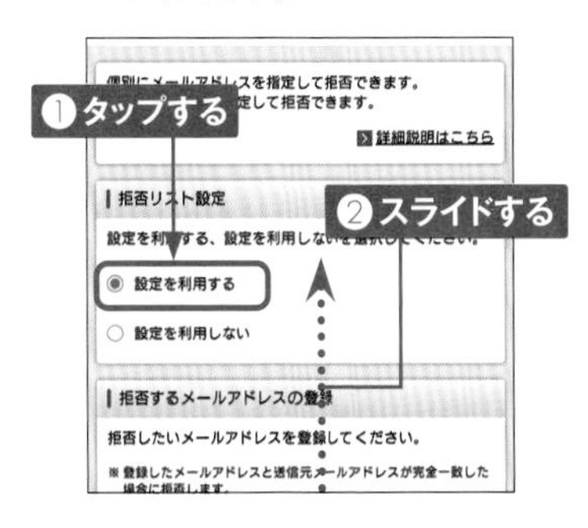

7 「拒否するメールアドレスの登録」の[さらに追加する]をタップして、拒否したいメールアドレスを入力し、上方向にスライドします。

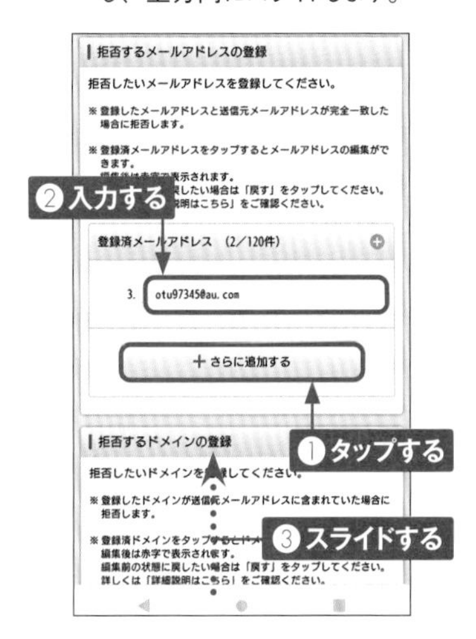

8 「拒否するドメインの登録」の[さらに追加する]をタップして、受信を拒否したいドメインを追加し、[確認する]→[設定を確定する]の順にタップすると、設定が完了します。

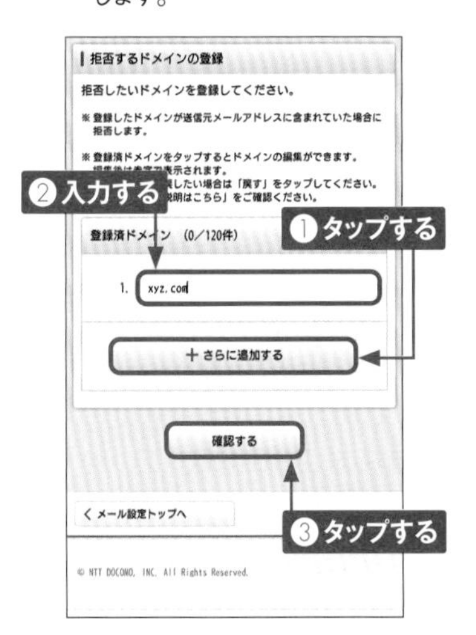

3

Section 28

+メッセージを利用する

Application

「+メッセージ」アプリでは、携帯電話番号を宛先にして、テキストや写真などを送信できます。「+メッセージ」アプリを使用していない相手の場合は、SMSでやり取りが可能です。

 +メッセージとは

F-51Cでは、「+メッセージ」アプリで+メッセージとSMSが利用できます。+メッセージでは文字が全角2,730文字、そのほかに100MBまでの写真や動画、スタンプ、音声メッセージをやり取りでき、グループメッセージや現在地の送受信機能もあります。パケットを使用するため、パケット定額のコースを契約していれば、とくに料金は発生しません。なお、SMSではテキストメッセージしか送れず、別途送信料もかかります。
また、+メッセージは、相手も+メッセージを利用している場合のみ利用できます。SMSと+メッセージどちらが利用できるかは自動的に判別されますが、画面の表示からも判断することができます（下図参照）。

「+メッセージ」アプリで表示される連絡先の相手画面です。+メッセージを利用している相手には、が表示されます。プロフィールアイコンが設定されている場合は、アイコンが表示されます。

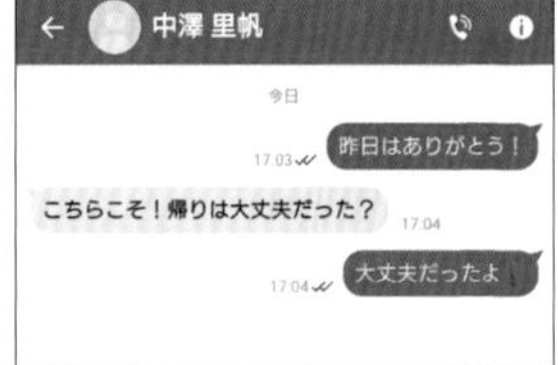

相手が+メッセージを利用していない場合は、メッセージ画面の名前欄とメッセージ欄に「SMS」と表示されます（上図）。+メッセージを利用している相手の場合は、何も表示されません（下図）。

+メッセージを利用できるようにする

1 ホーム画面を左方向にスワイプし、[+メッセージ] をタップします。初回起動時は、+メッセージについての説明が表示されるので、内容を確認して、[次へ] をタップしていきます。

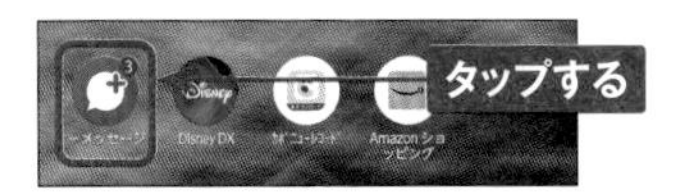

2 [次へ] → [次へ] とタップし、アクセス権限のメッセージが表示されたら、[許可] をタップします。

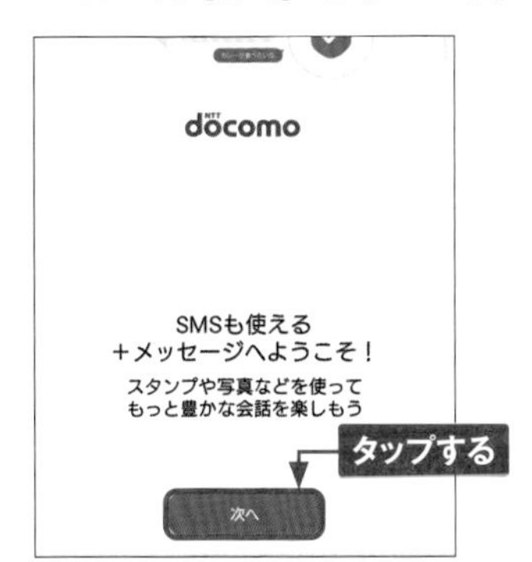

3 利用条件に関する画面が表示されたら、内容を確認して、[すべて同意する] をタップします。

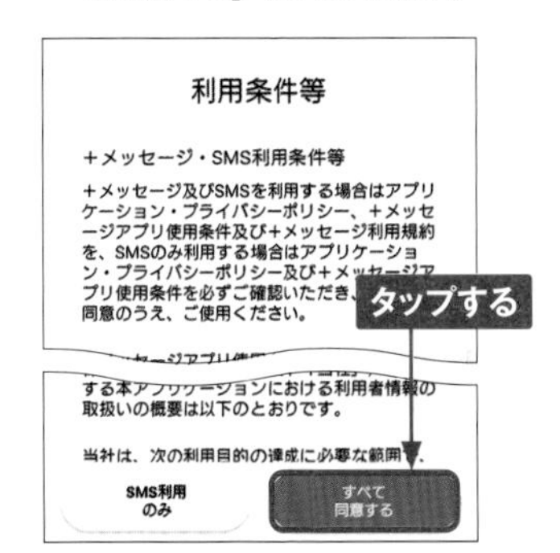

4 「+メッセージ」アプリについての説明が表示されたら、左方向にスワイプしながら、内容を確認します。

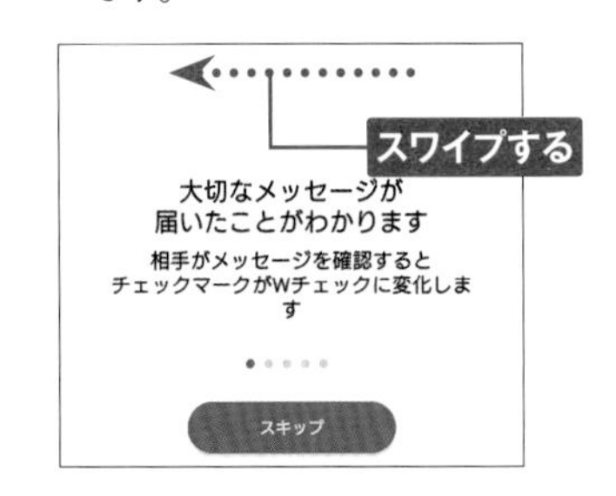

5 「プロフィール（任意）」画面が表示されます。名前などを入力し、[OK] をタップします。プロフィールは、設定しなくてもかまいません。

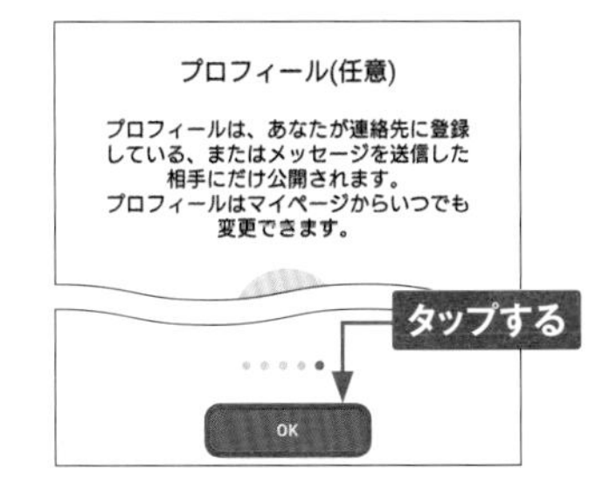

6 「+メッセージ」アプリが起動します。

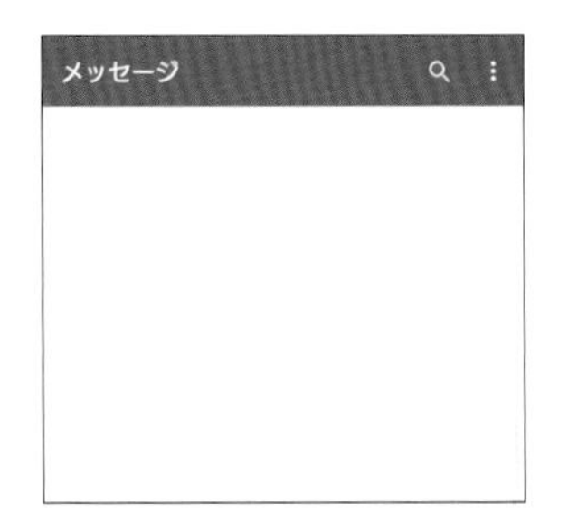

メッセージを送信する

1 P.87手順①を参考にして、「+メッセージ」アプリを起動します。新規にメッセージを作成する場合は💬をタップして、⊕をタップします。

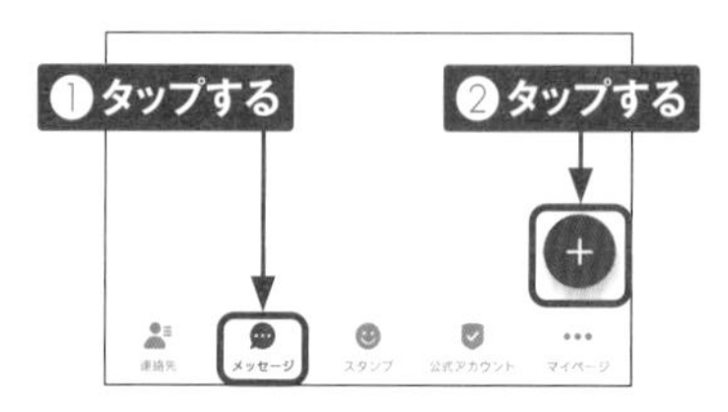

2 [新しいメッセージ] をタップします。

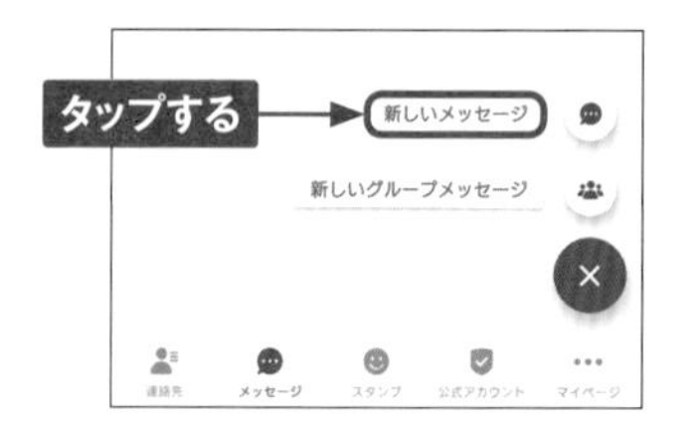

3 「新しいメッセージ」画面が表示されます。メッセージを送りたい相手をタップします。「名前や電話番号を入力」をタップし、電話番号を入力して、送信先を設定することもできます。

4 [メッセージを入力] をタップして、メッセージを入力し、▶をタップします。

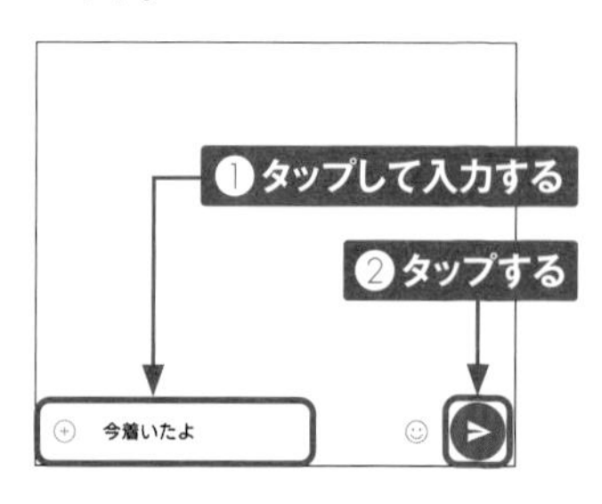

5 メッセージが送信され、画面の右側に表示されます。

MEMO 写真やスタンプの送信

「+メッセージ」アプリでは、写真やスタンプを送信することもできます。写真を送信したい場合は、手順④の画面で⊕→🖼の順にタップして、送信したい写真をタップして選択し、▶をタップします。スタンプを送信したい場合は、手順④の画面で☺をタップして、送信したいスタンプをタップして選択し、▶をタップします。

メッセージを返信する

1 メッセージが届くと、ステータスバーにも受信のお知らせが表示されます。ステータスバーを下方向にフリックします。

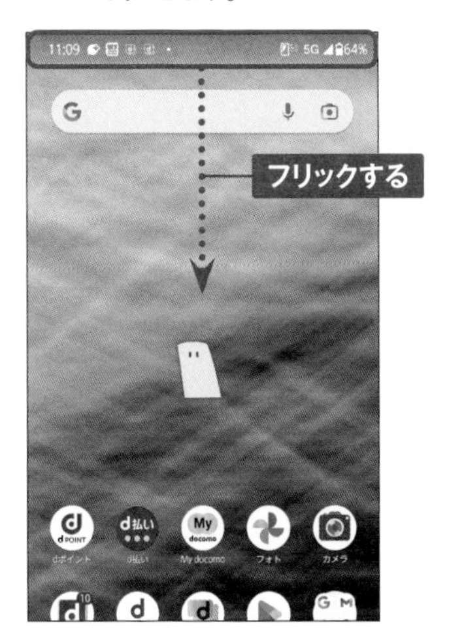

2 通知パネルに表示されているメッセージの通知をタップします。

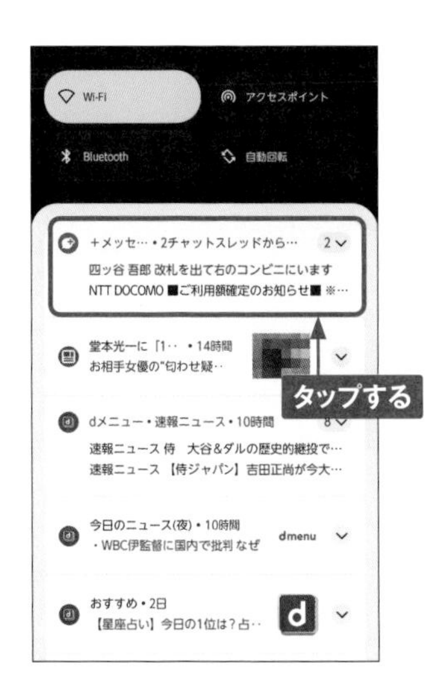

3 受信したメッセージが画面の左側に表示されます。メッセージを入力して、▶をタップすると、相手に返信できます。

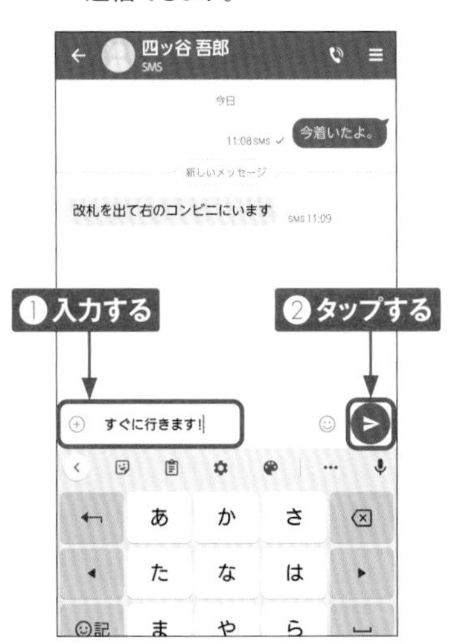

MEMO 「メッセージ」画面からのメッセージ送信

「+メッセージ」アプリで相手とやり取りすると、「メッセージ」画面にやり取りした相手が表示されます。以降は、「メッセージ」画面から相手をタップすることで、メッセージの送信が行えます。

Section 29

Gmailを利用する

本体にGoogleアカウントを登録しておけば（Sec.10参照）、すぐにGmailを利用することができます。パソコンでラベルや振分け設定を行うことで、より便利に利用できます。

受信したメールを閲覧する

1 ホーム画面で［Google］をタップし、［Gmail］をタップします。「Gmailの新機能」画面が表示された場合は、［OK］→［GMAILに移動］の順にタップします。

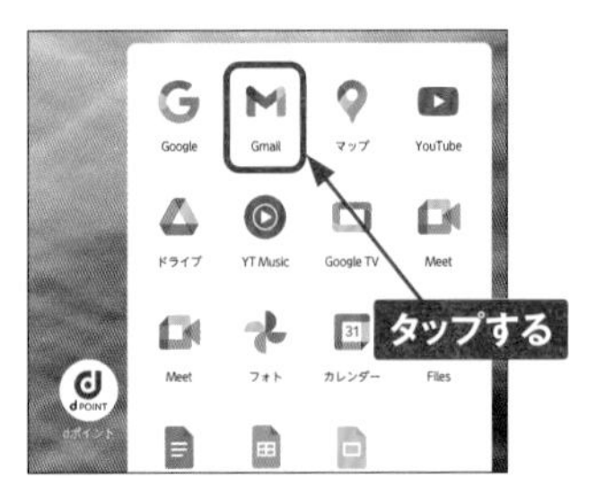

2 「メイン」画面が表示されます。画面を上方向にスライドして、読みたいメールをタップします。

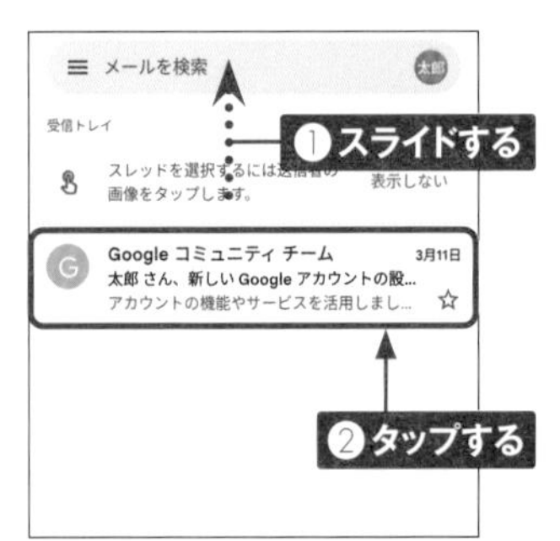

3 メールの差出人やメール受信日時、メール内容が表示されます。画面左上の←をタップすると、受信トレイに戻ります。なお、↩をタップすると、返信することもできます。

MEMO Googleアカウントの同期

Gmailを使用する前に、Sec.10の方法であらかじめ本体に自分のGoogleアカウントを設定しましょう。P.37手順⑯の画面で「Gmail」をオンにしておくと、Gmailも自動的に同期されます。すでにGmailを使用している場合は、受信トレイの内容がそのまま表示されます。

3

メールを送信する

1 P.90を参考に「メイン」などの画面を表示して、[メール]をタップし、[作成]をタップします。

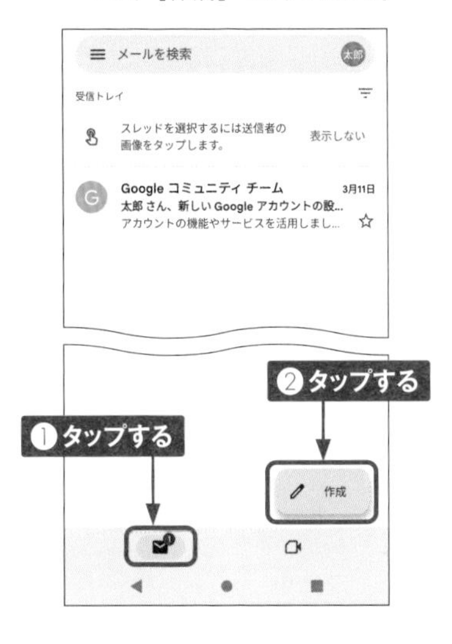

2 メールの「作成」画面が表示されます。[To]をタップして、メールアドレスを入力します。「連絡先」アプリ内の連絡先であれば、表示される候補をタップします。

3 件名とメールの内容を入力し、▷をタップすると、メールが送信されます。

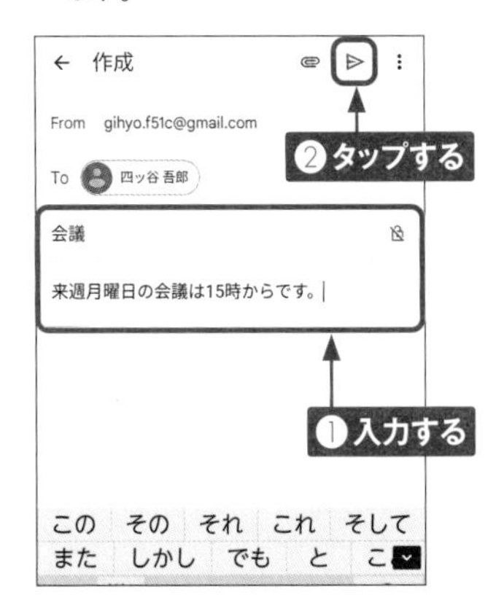

MEMO

メニューの表示

「Gmail」の画面を左端から右方向にフリックすると、メニューが表示されます。メニューでは、「メイン」以外のカテゴリやラベルを表示したり、送信済みメールを表示したりできます。なお、ラベルの作成や振分け設定は、パソコンのWebブラウザで「https://mail.google.com/」にアクセスして行います。

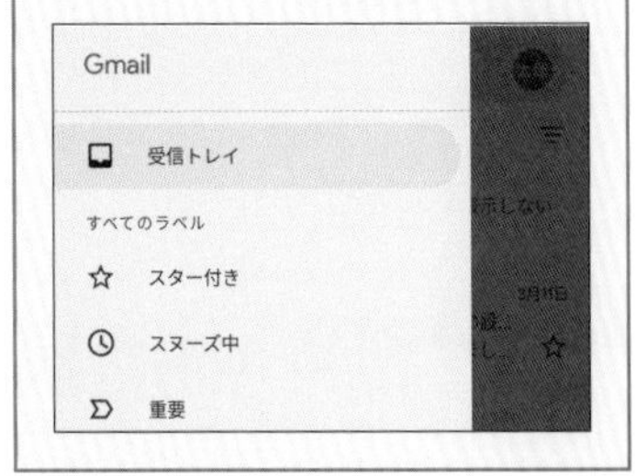

3

Section 30

Yahoo!メール・PCメールを設定する

「Gmail」アプリを利用すれば、パソコンで使用しているメールを送受信することができます。ここでは、Yahoo!メールの設定方法と、PCメールの追加方法を解説します。

Yahoo!メールを設定する

1 あらかじめYahoo!メールのアカウント情報を準備しておきます。「Gmail」アプリの画面で画面左端から右方向にフリックし、[設定]をタップします。

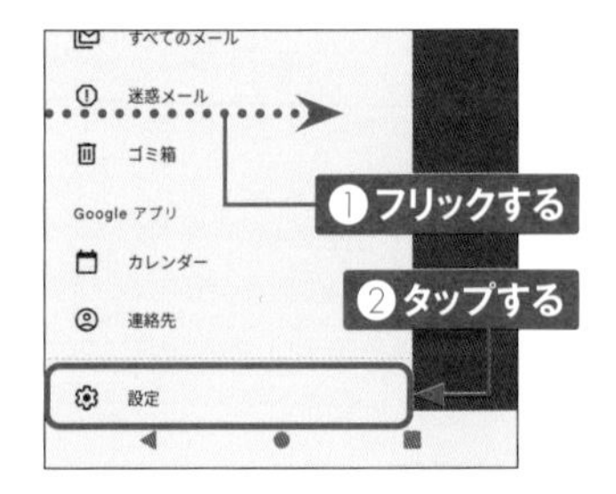

2 [アカウントを追加する] をタップします。

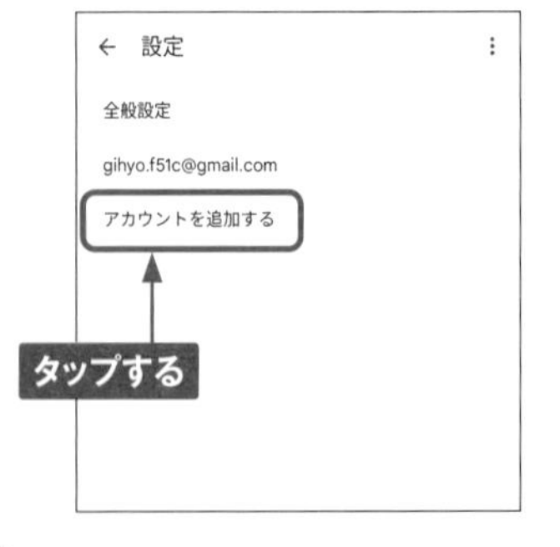

3 [Yahoo] をタップします。

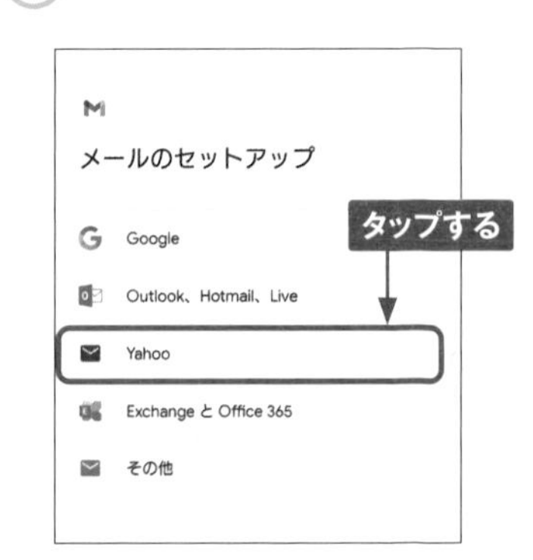

4 Yahoo!メールのメールアドレスを入力して、[続ける] をタップし、画面の指示に従って設定します。

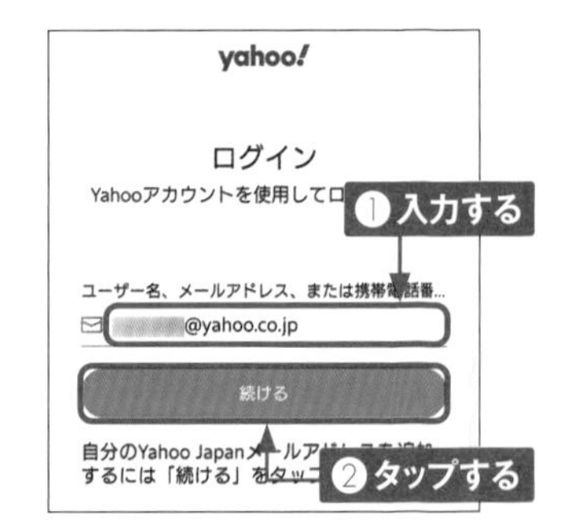

3

PCメールを設定する

1 P.92手順③の画面で［その他］をタップします。

2 PCメールのメールアドレスを入力して、［次へ］をタップします。

3 アカウントの種類を選択します。ここでは、［個人用（POP3）］をタップします。

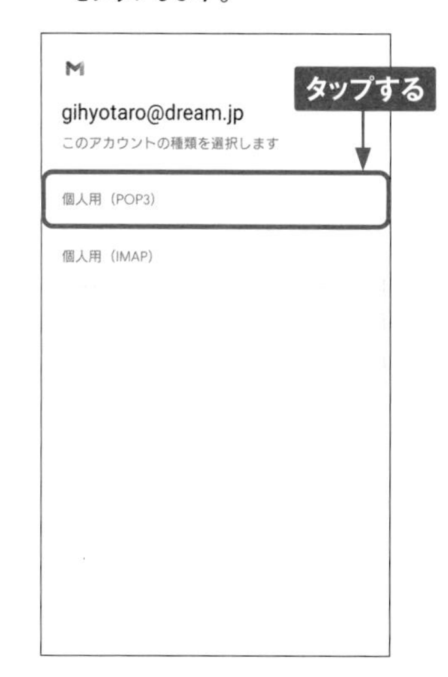

4 パスワードを入力して、［次へ］をタップします。

3

5 受信サーバーを入力して、[次へ]をタップします。

6 送信サーバーを入力して、[次へ]をタップします。

7 「アカウントのオプション」画面が設定されます。[次へ]をタップします。

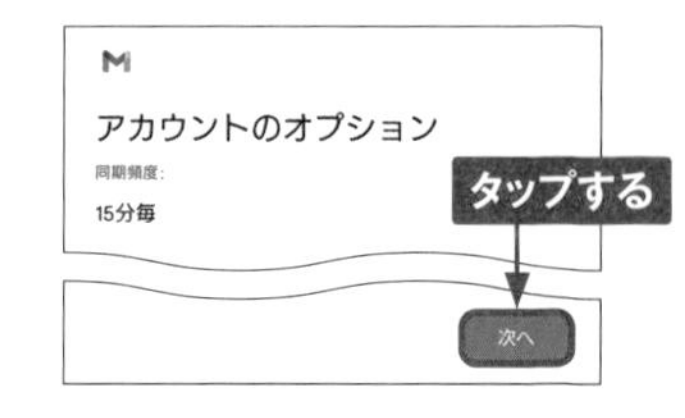

8 アカウントの設定が完了します。[次へ]をタップすると、P.94手順②の画面に戻ります。

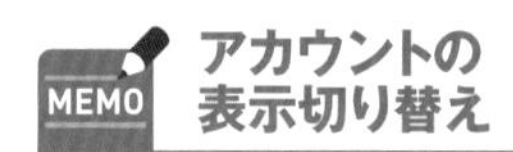

MEMO アカウントの表示切り替え

設定したアカウントに表示を切り替えるには、「メイン」画面で右上のアイコンをタップし、表示したいアカウントをタップします。

Chapter 4

Googleのサービスを使いこなす

Section 31

Google Playで アプリを検索する

Google Playに公開されているアプリをインストールすることで、さまざまな機能を利用することができます。まずは、目的のアプリを探す方法を解説します。

アプリを検索する

① Google Playを利用するには、ホーム画面で［Playストア］をタップします。

② 「Playストア」アプリが起動するので、［アプリ］をタップし、［カテゴリ］をタップします。

③ アプリのカテゴリが表示されます。画面を上下にスライドします。

④ 見たいジャンル（ここでは［カスタマイズ］）をタップします。

5 「カスタマイズ」のアプリが表示されます。人気ランキングの→をタップします。

6 「無料」のアプリが一覧で表示されます。詳細を確認したいアプリをタップします。

7 アプリの詳細な情報が表示されます。人気のアプリでは、ユーザーレビューも読めます。

キーワードでの検索

Google Playでは、キーワードからアプリを検索できます。検索機能を利用するには、P.96手順②の画面で画面上部の検索ボックスをタップしてキーワードを入力し、キーボードの🔍をタップします。

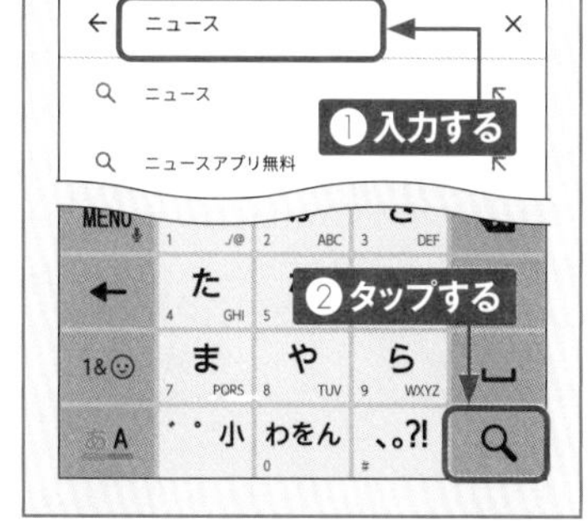

Section 32

アプリをインストール・アンインストールする

Google Playで目的の無料アプリを見つけたら、インストールしてみましょう。なお、不要になったアプリは、Google Playからアンインストール（削除）できます。

アプリをインストールする

① Google Playでアプリの詳細画面を表示し（P.97手順⑥～⑦参照）、［インストール］をタップします。

② アプリのダウンロードとインストールが開始されます。

③ アプリのインストールが完了します。アプリを起動するには、［プレイ］（または［開く］）をタップするか、アプリ一覧画面に追加されたアイコンをタップします。

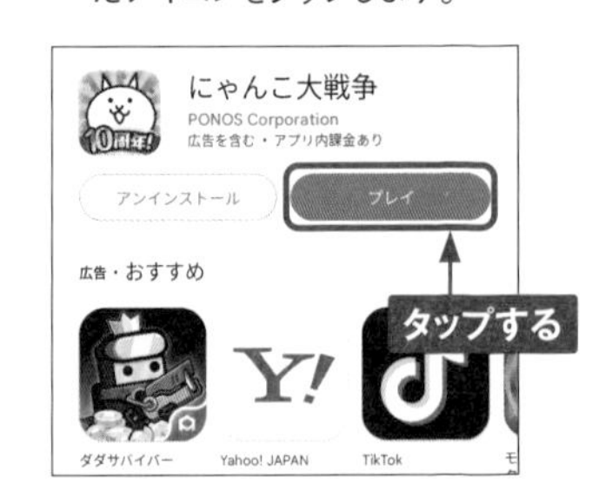

MEMO **アプリ自動更新の停止**

初期設定ではWi-Fi接続時にアプリが自動更新されるようになっていますが、自動更新しないように設定することもできます。P.99左側の手順①のメニュー画面で、［設定］→［ネットワーク設定］→［アプリの自動更新］の順にタップし、［アプリを自動更新しない］をタップします。

アプリを更新する／アンインストールする

●アプリを更新する

① P.96手順②の画面でアカウントアイコンをタップし、表示されるメニューの［アプリとデバイスの管理］をタップします。

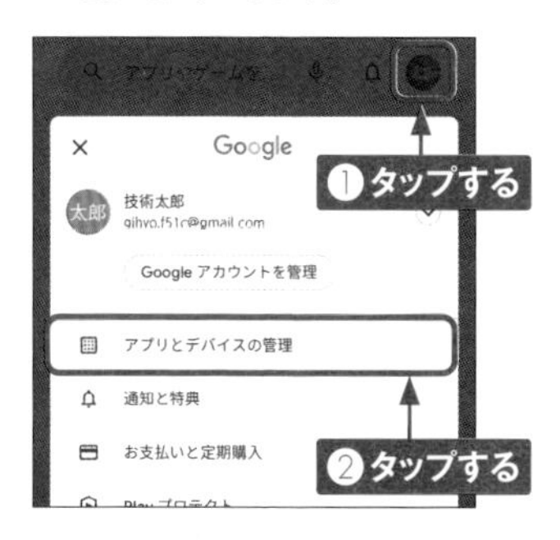

② 更新可能なアプリがある場合、「利用可能なアップデートがあります」と表示され、［すべて更新］をタップすると、アプリが一括で更新されます。［詳細を表示］をタップすると、更新可能なアプリの一覧が表示されます。

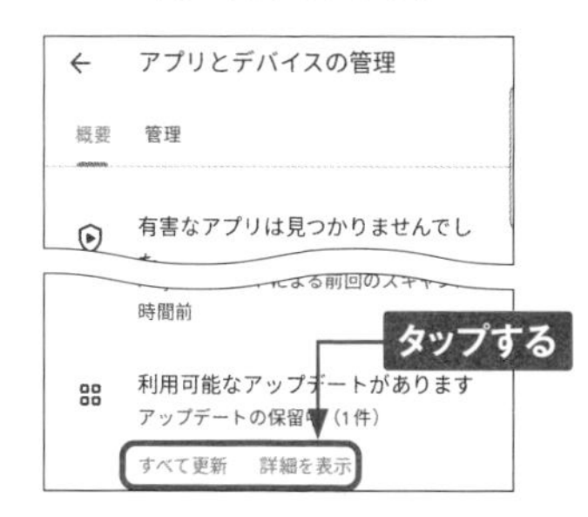

●アプリをアンインストールする

① 左側手順②の画面で［管理］をタップし、アンインストールしたいアプリをタップします。

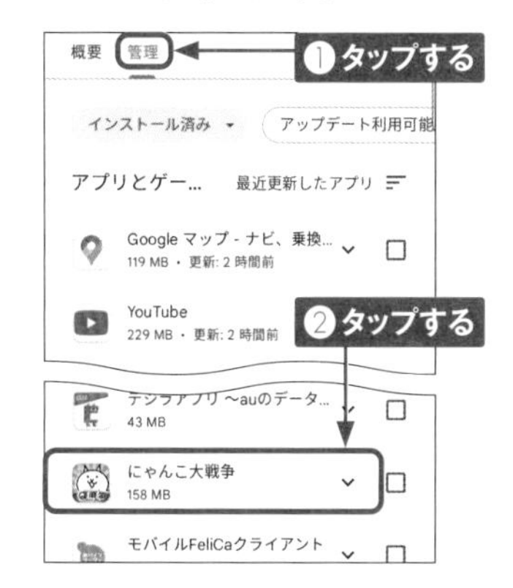

② アプリの詳細画面が表示されます。［アンインストール］をタップし、［OK］をタップするとアンインストールされます。このとき、削除理由のアンケートが表示される場合があります。

ドコモのアプリのアップデートとアンインストール

NTTドコモで提供されているアプリは、上記の方法ではアップデートやアンインストールが行えないことがあります。その場合は。P.119を参照してください。

Section 33

有料アプリを購入する

有料アプリを購入する場合、「NTTドコモの決済」「クレジットカード」「Google Playギフトカード」 などの支払い方法が選べます。 ここでは、 クレジットカードを登録する方法を解説します。

クレジットカードで有料アプリを購入する

① P.96 ～ 97を参考に有料アプリを検索します。

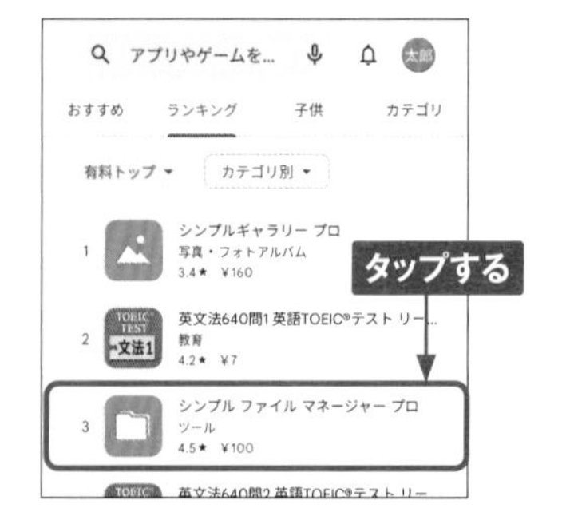

② アプリの価格が表示されたボタンをタップします。

③ ［カードを追加］ をタップします。クレジットカード情報の登録画面が表示されるので、 必要な情報を入力し、［保存］ をタップします。

MEMO Google Play ギフトカードとは

コンビニなどで販売されている「Google Playギフトカード」を利用すると、プリペイド方式でアプリを購入することができます。クレジットカードを登録したくないときに便利です。利用するには、手順③で［コードの利用］をタップします。

4

4 [1クリックで購入]をタップします。

5 認証の確認画面が表示された場合は、[要求しない] または [常に要求する] → [OK] の順にタップします。

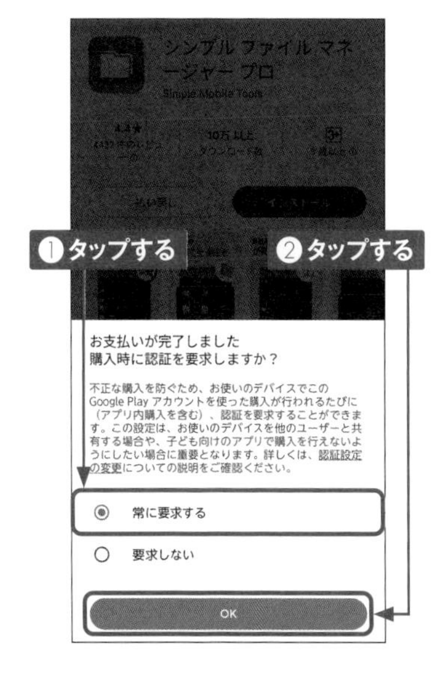

6 [OK] をタップすると、ダウンロードとインストールが開始されます。

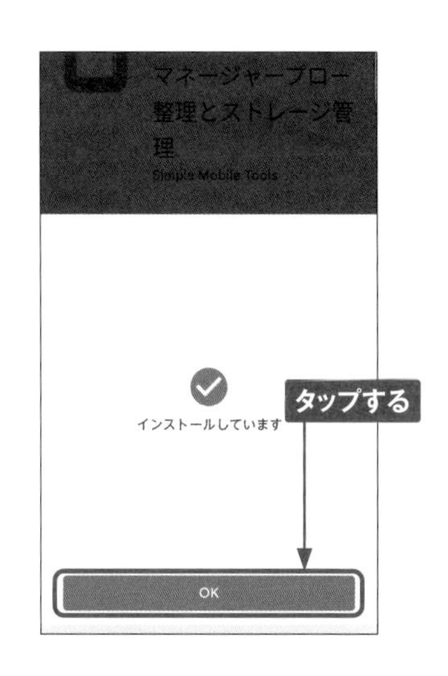

MEMO

購入したアプリの払い戻し

有料アプリは、購入してから2時間以内であれば、返品して全額払い戻しを受けることができます。返品するには、購入したアプリの詳細画面を表示し、[払い戻し] をタップして、次の画面で [払い戻しをリクエスト] をタップします。なお、払い戻しできるのは、1つのアプリにつき1回だけです。

Section 34

Application

Googleアシスタントを利用する

F-51Cでは、Googleの音声アシスタントサービス「Googleアシスタント」を利用できます。端末側面のGoogleアシスタントボタンを押すだけで起動でき、音声でさまざまな操作をすることができます。

Googleアシスタントを利用する

① ■をロングタッチします。

② Googleアシスタントの開始画面が表示されます。

③ Googleアシスタントを利用できるようになります。

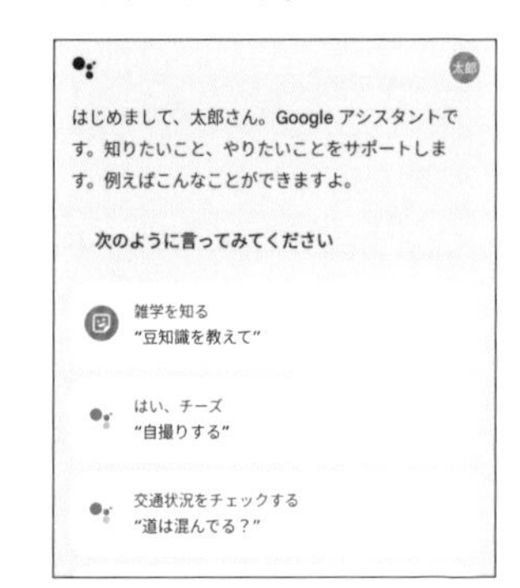

MEMO **音声でアシスタントを起動する**

音声を登録すると、起動中に「OK Google」と発声して、すぐにGoogleアシスタントを使うことができます。「設定」の一覧画面で、[Google]→[Googleアプリの設定]→[検索アシスタントと音声]→[音声]→[Voice Match]→[Hey Google]の順にタップして、画面に従って有効にしてください。

Googleアシスタントへの問いかけ例

Googleアシスタントを利用すると、語句の検索だけでなく、予定やリマインダーの設定、電話やメールの発信など、さまざまなことが話しかけるだけでできます。まずは、「何ができる?」と聞いてみましょう。

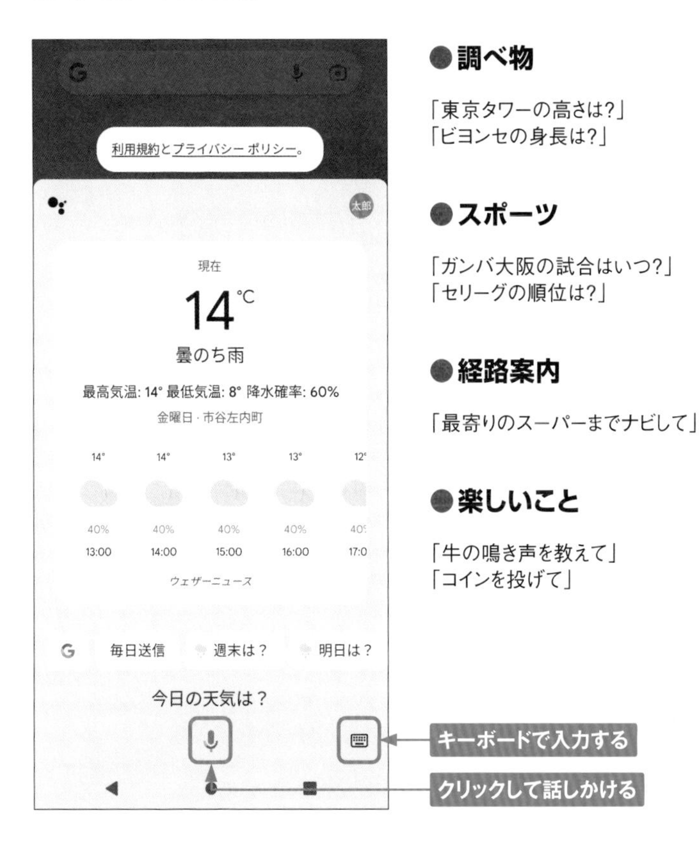

●調べ物

「東京タワーの高さは?」
「ビヨンセの身長は?」

●スポーツ

「ガンバ大阪の試合はいつ?」
「セリーグの順位は?」

●経路案内

「最寄りのスーパーまでナビして」

●楽しいこと

「牛の鳴き声を教えて」
「コインを投げて」

Googleアシスタントから利用できないアプリ

たとえば、Googleアシスタントで「○○さんにメールして」と話しかけると、「Gmail」アプリが起動し、ドコモの「ドコモメール」アプリは利用できません。このように、GoogleアシスタントではGoogleのアプリが優先され、一部のアプリはGoogleアシスタントからは利用できません。

Section 35

Googleマップを使いこなす

Googleマップを利用すれば、自分の今いる場所や、現在地から目的地までの道順を地図上に表示できます。なお、Googleマップのバージョンによっては、本書と表示内容が異なる場合があります。

「マップ」アプリを利用する準備を行う

① 「設定」アプリを起動して［位置情報］をタップします。

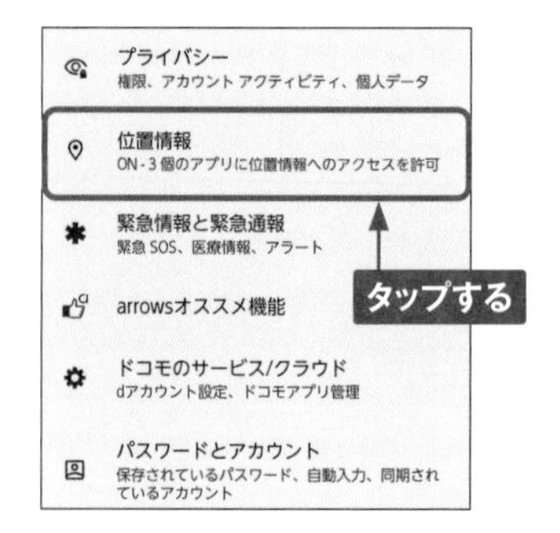

② 「位置情報を使用」が の場合はタップします。位置情報についての同意画面が表示されたら、［同意する］をタップします。

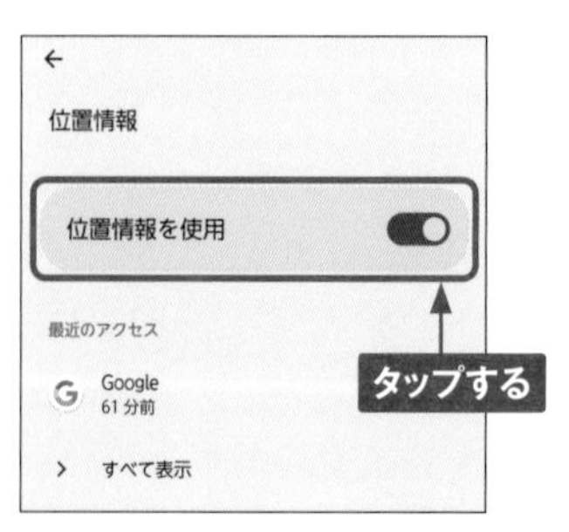

③ に切り替わったら、［位置情報サービス］→［Googleロケーション履歴］をタップします。

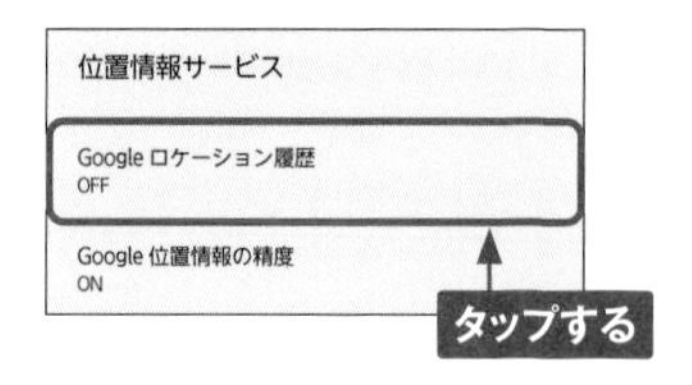

④ 「ロケーション履歴」がオフの場合は［有効にする］→［有効にする］をタップします。

⑤ ［OK］をタップします。「マップ」アプリを使用する準備は完了です。

現在地を表示する

① ホーム画面で［Google］をタップし、フォルダ内の［マップ］をタップします。

② 「マップ」アプリが起動して、現在地を示す青い点が表示されます。初回起動時や現在地を示す青い点が表示されない場合、◎をタップします。

③ 位置情報のアクセスを「マップ」に許可するか聞かれます（ここでは［正確］を選択し、［アプリ使用時のみ］をタップします）。

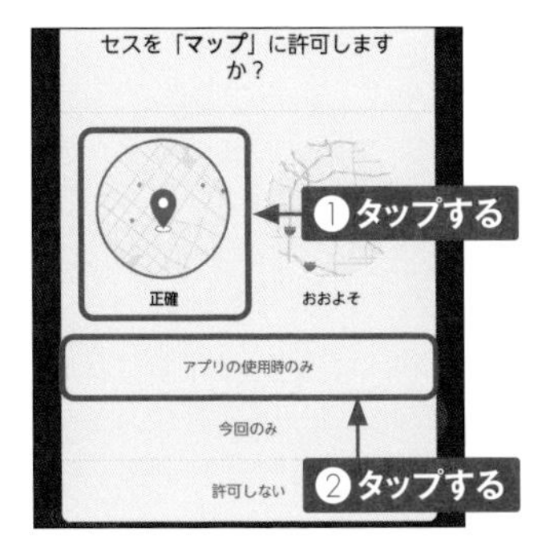

④ 地図の拡大はピンチアウト、縮小はピンチインで行います。スライドすると表示位置を移動できます。

MEMO 位置情報の精度を変更する

P.104手順③の画面で［Google位置情報の精度］をタップすると、「位置情報の精度を改善」で、位置情報の精度を変更することができます。●にすると、収集された位置情報を活用することで、位置情報の精度を改善することができます。

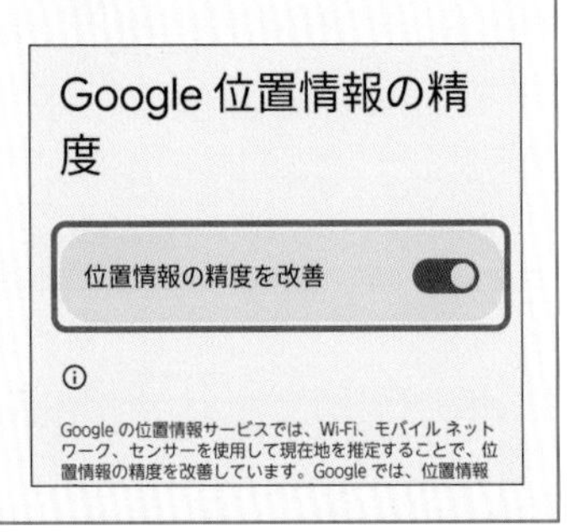

目的地までのルートを検索する

① P.105手順④の画面で◆をタップし、移動手段（ここでは🚆）をタップして、［目的地を入力］をタップします。出発地を現在地から変えたい場合は、［現在地］をタップして変更します。

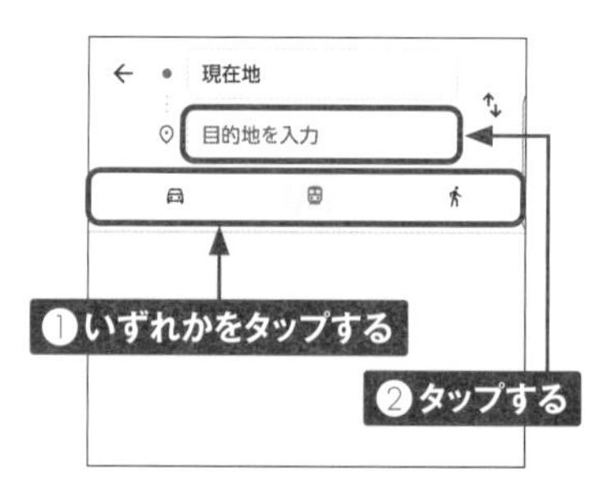

② 目的地を入力し、検索結果の候補から目的の場所をタップします。

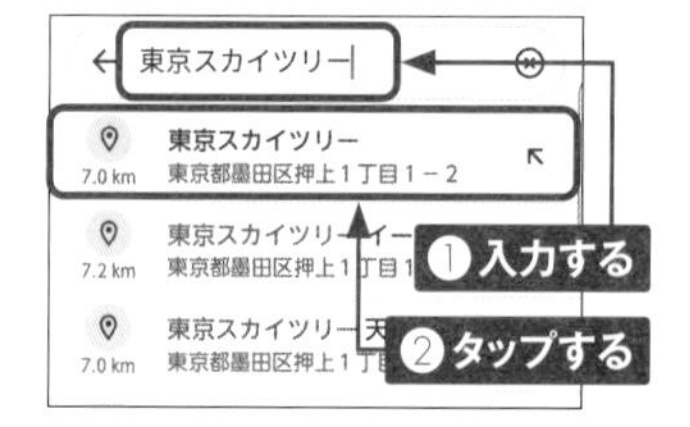

③ ルートが一覧表示されます。利用したい経路をタップします。

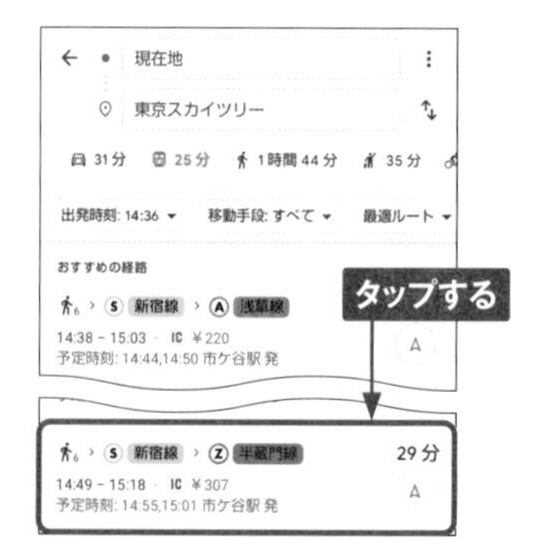

④ 目的地までのルートが地図で表示されます。画面下部を上方向へフリックします。

⑤ ルートの詳細が表示されます。下方向へフリックすると、手順④の画面に戻ります。←を何度かタップすると、地図に戻ります。

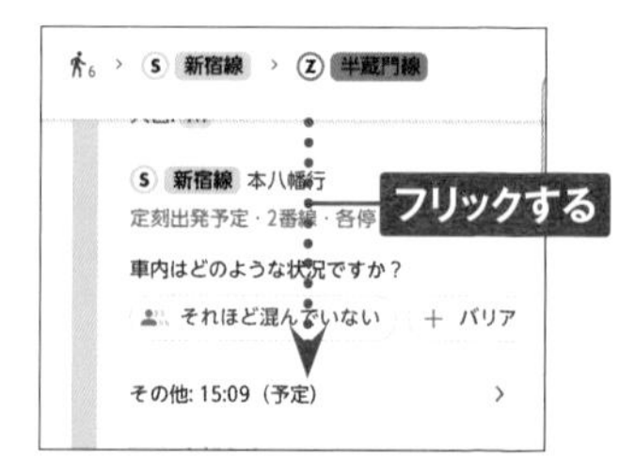

MEMO ナビの利用

「マップ」アプリには、「ナビ」機能が搭載されています。手順①で🚗または🚶をタップした場合、手順④に表示される［ナビ開始］をタップすると、「ナビ」が起動します。現在地から目的地までのルートを音声ガイダンス付きで案内してくれます。

周辺の施設を検索する

1 P.105を参考に現在地を表示し、検索ボックスをタップします。

2 探したい施設を入力し、🔍をタップします。

3 該当する施設が一覧で表示されます。上下にスライドして、気になる施設名をタップします。

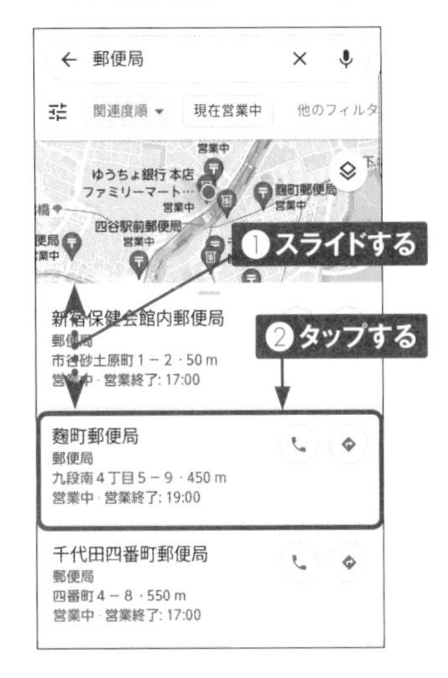

4 選択した施設の情報が表示されます。上下にフリックすると、より詳細な情報を表示できます。

4

Section 36

Googleカレンダーを利用する

Googleアカウントを設定すると（Sec.10参照）、「カレンダー」アプリとWeb上のGoogleカレンダー（https://calendar.google.com）が同期され、同じ内容を閲覧・編集できます。

「カレンダー」アプリを利用する

① ホーム画面で［Google］をタップし、フォルダ内の［カレンダー］をタップします。

② 初回利用時は説明が表示されるので、左方向にフリックし、［終了］をタップします。

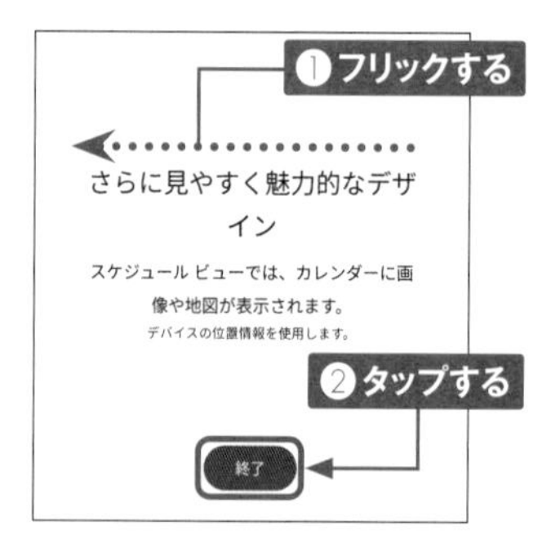

③ 月のカレンダーが表示されます。別の月を表示するには画面を上下にスライドします。日や週のカレンダーを表示するには、画面左上の≡をタップします。

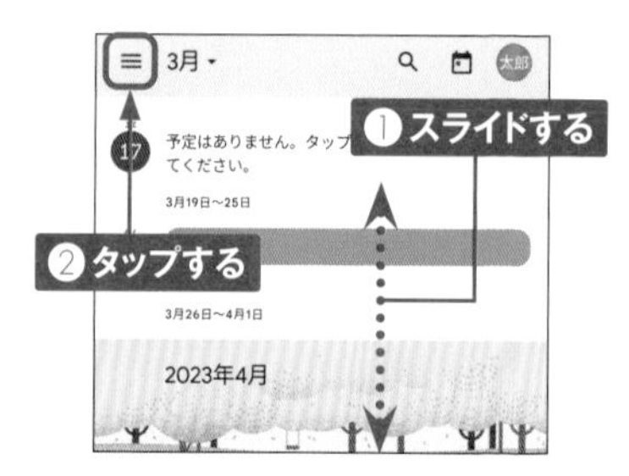

④ メニューが表示され、表示形式を［日］や［週］、［スケジュール］に変更することができます。

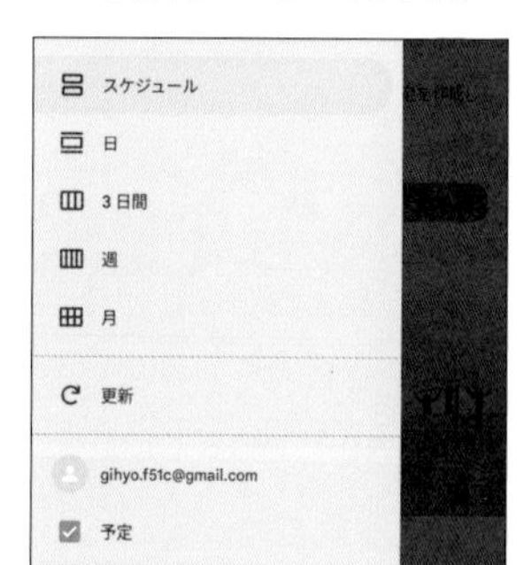

「カレンダー」アプリに予定を入力する

1 カレンダーを表示し、画面右下の ＋ をタップします。

2 カレンダーには「予定」と「タスク」と「リマインダー」と「ゴール」を選択できます。ここでは［予定］をタップします。

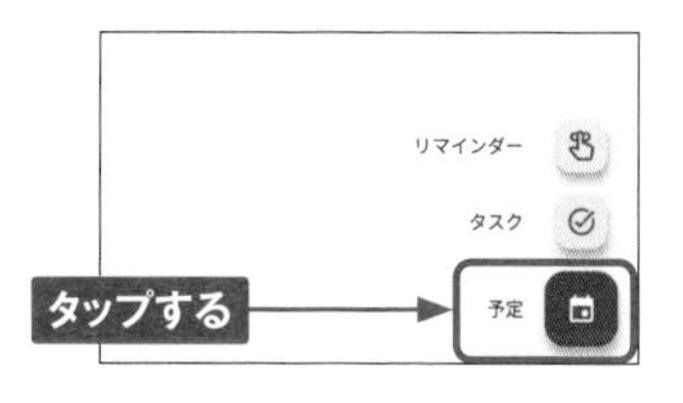

3 予定のタイトルと詳細を入力したら、［保存］をタップします。入力中にアクセス許可が表示されたら、［許可］をタップします。

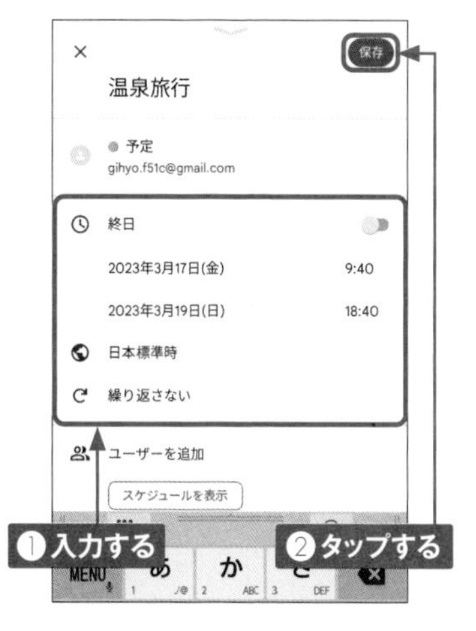

4 保存した予定がカレンダー上に反映されます。詳細を表示したい場合は予定をタップします。

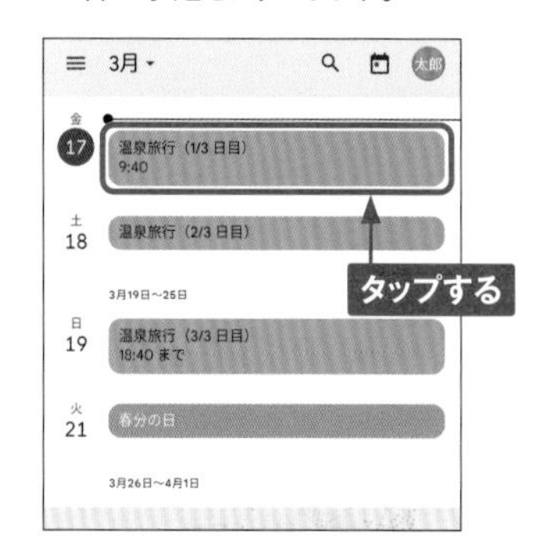

5 予定の詳細が表示されます。✎をタップすると予定の修正が、⋮をタップして［削除］をタップすると予定の削除が可能です。

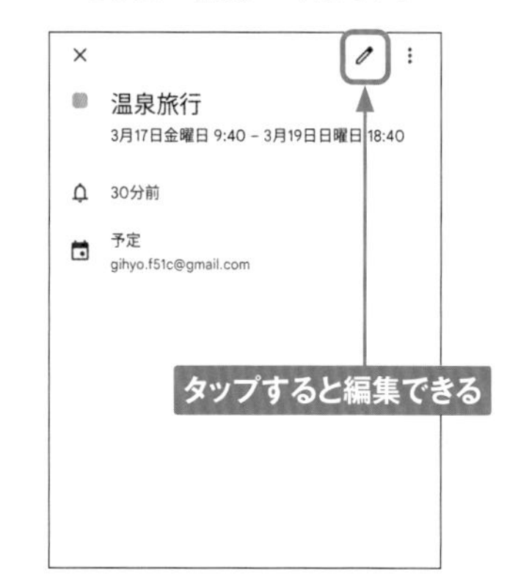

MEMO **リマインダーの設定**

手順②の画面で［リマインダー］をタップすると、リマインダー（備忘録）を設定できます。

Section 37

YouTubeで動画を楽しむ

YouTubeの動画は、「YouTube」アプリで視聴することができます。高画質の動画を再生可能で、一時停止や再生位置の変更も行えます。

YouTubeの動画を検索して視聴する

① ホーム画面で［Google］をタップし、フォルダ内の［YouTube］をタップします。

② YouTube Premiumに関する画面が表示された場合は、［スキップ］をタップします。YouTubeのトップページが表示されるので、🔍をタップします。

③ 検索したいキーワード（ここでは「技術評論社」）を入力して、🔍をタップします。

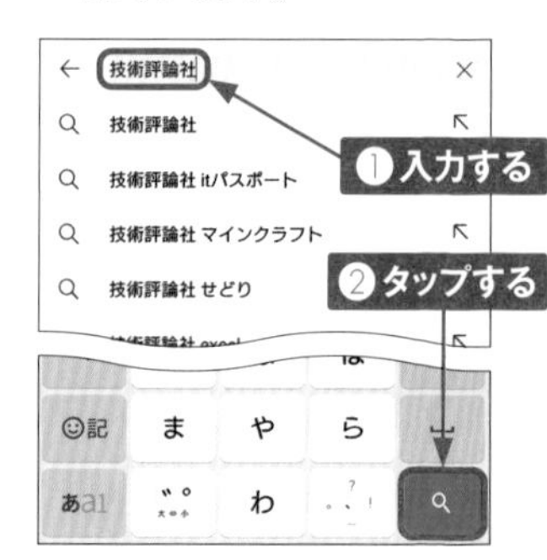

④ 検索結果一覧の中から、視聴したい動画のサムネイルをタップします。

5 再生がはじまります。画面右下の をタップすると、全画面表示になります。画面をタップします。

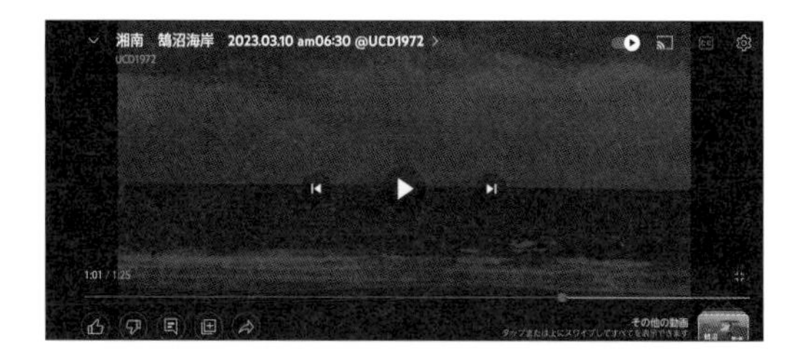

6 メニューが表示されます。 をタップします。

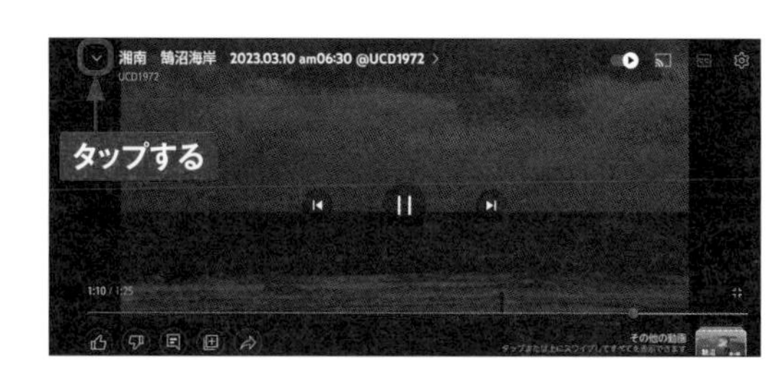

7 再生画面がウィンドウ化され、動画を再生しながら視聴したい動画の選択操作ができます。動画再生を終了するには、×をタップするか、◀を何度かタップしてYouTubeを終了します。

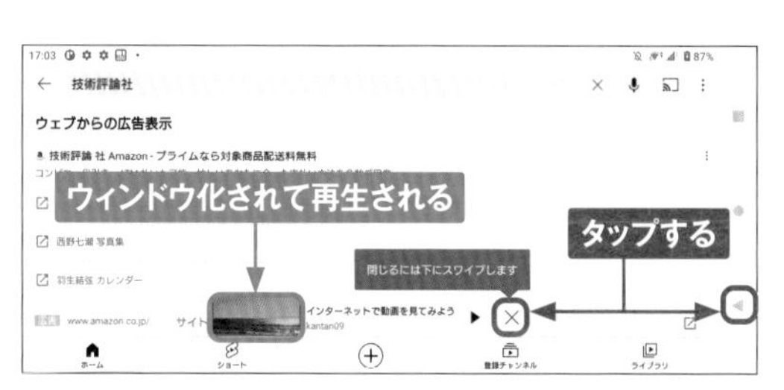

YouTubeの操作

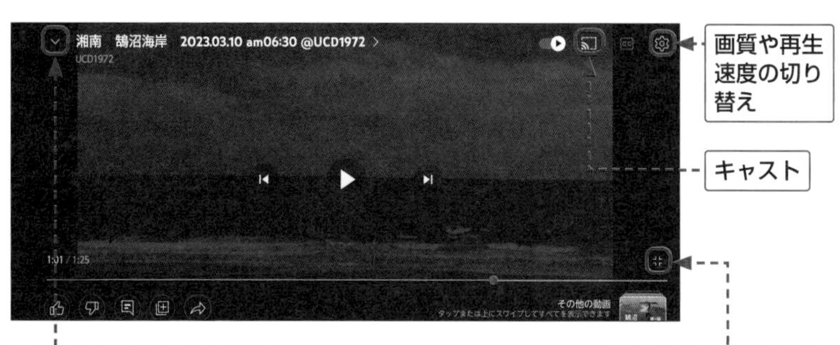

Section 38

Application

紛失したデバイスを探す

本体を紛失してしまっても、パソコンから本体がある場所を確認できます。なお、この機能を利用するには事前に位置情報の使用を有効にしておく必要があります（P.104参照）。

「デバイスを探す」を設定する

1 P.20を参考にアプリ一覧画面を表示し、［設定］をタップします。

2 ［セキュリティ］をタップします。

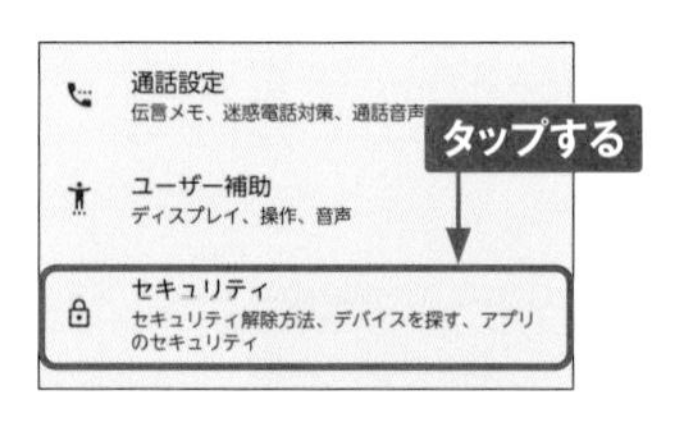

3 ［デバイスを探す］をタップします。

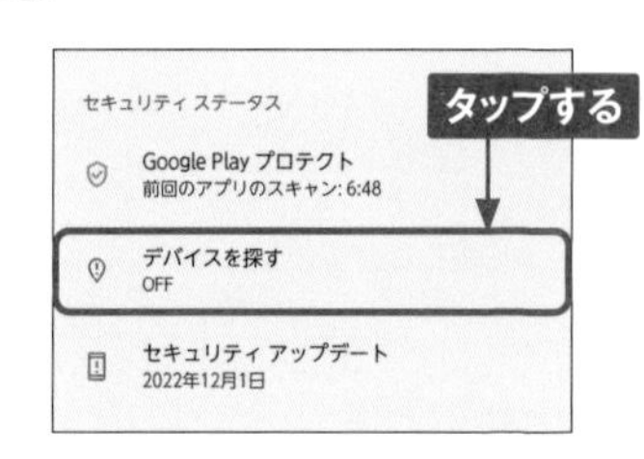

4 ［toggle off］の場合は［「デバイスを探す」を使用］をタップして［toggle on］にします。

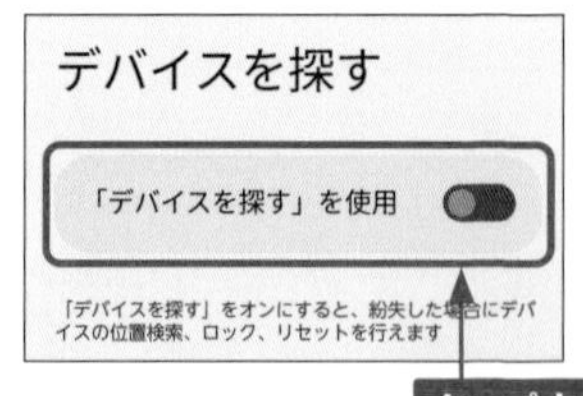

パソコンから探す

本体を紛失した際は、パソコンのWebブラウザで「Googleデバイスを探す」（https://www.google.com/android/find?u=0）にアクセスします。紛失したデバイスに設定されたGoogleアカウントとパスワードでログインすると、デバイスの位置が地図上に表示されます。

Chapter 5

ドコモのサービスを使いこなす

Section 39

dメニューを利用する

F-51Cでは、NTTドコモのポータルサイト「dメニュー」を利用できます。dメニューでは、ドコモのさまざまなサービスにアクセスしたり、Webページやアプリを探したりすることができます。

5

メニューリストからWebページを探す

1 ホーム画面で［dメニュー］をタップします。「dメニューお知らせ設定」画面が表示された場合は、［OK］をタップします。

2 「Chrome」アプリが起動し、dメニューが表示されます。画面左上の☰タップします。

3 ［メニューリスト］をタップします。

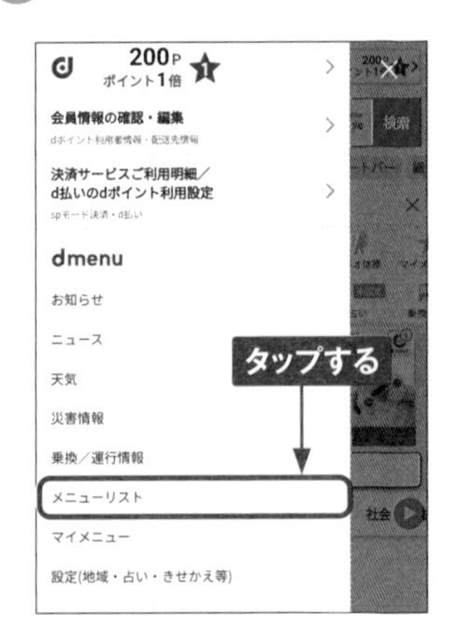

dメニューとは

dメニューは、ドコモのスマートフォン向けのポータルサイトです。ドコモおすすめのアプリやサービスなどをかんたんに検索したり、利用料金の確認などができる「My docomo」(Sec.40参照) にアクセスしたりできます。

4 画面を上方向にスクロールし、閲覧したいWebページのジャンルをタップします。

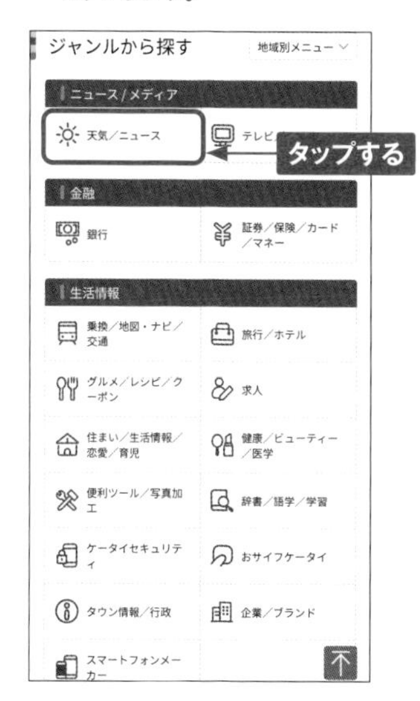

5 一覧から、閲覧したいWebページのタイトルをタップします。アクセス許可が表示された場合は、［許可］をタップします。

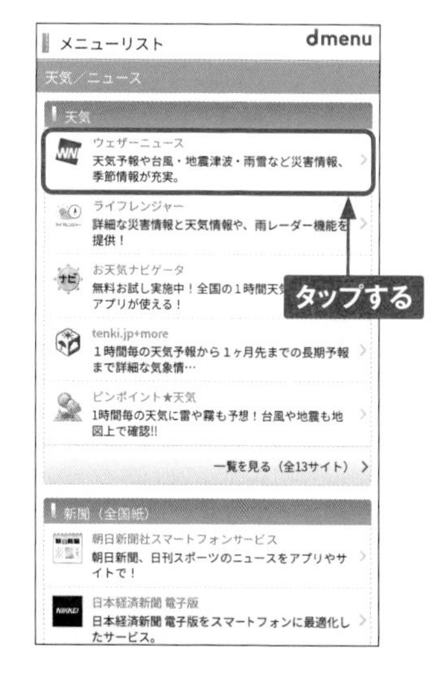

6 目的のWebページが表示されます。◀を何回かタップすると一覧に戻ります。

MEMO マイメニューの利用

P.114手順③で［マイメニュー］をタップしてdアカウントでログインすると、「マイメニュー」画面が表示されます。登録したアプリやサービスの継続課金一覧、dメニューから登録したサービスやアプリを確認できます。

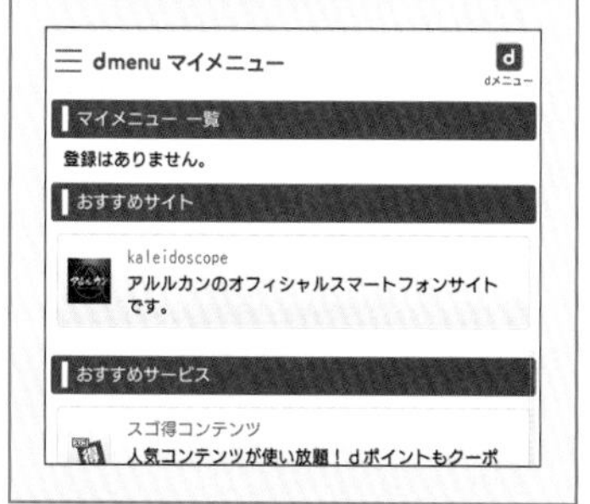

Section 40

My docomoを利用する

「My docomo」では、料金の確認や契約内容の確認・変更などのサービスが利用できます。利用の際には、dアカウントのパスワード（P.38参照）が必要です。

5

契約情報を確認・変更する

① P.114手順②の画面で［My docomo］をタッチします。

② dアカウントのログイン画面が表示されたら、［(dアカウント名) でログインする］をタッチします。ログイン済みの場合は手順⑤に移行します。

③ dアカウントのパスワードを入力し、［パスワード確認］をタッチします。

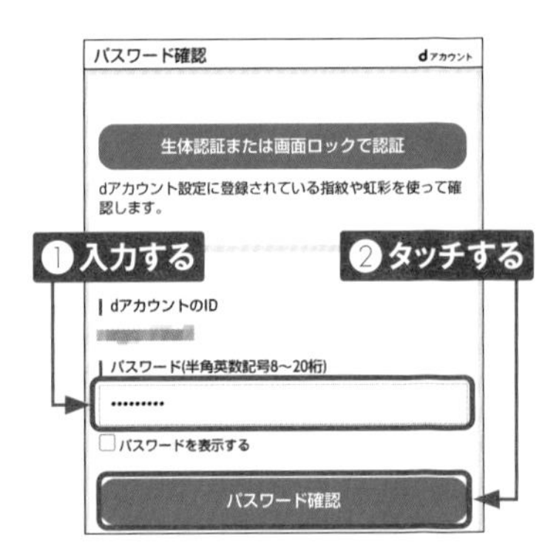

④ dアカウントの認証の画面が表示されたら、画面の指示に従って認証の操作をします。

5 「My docomo」画面が開いたら［お手続き］をタッチし、画面を上方向にスクロールします。

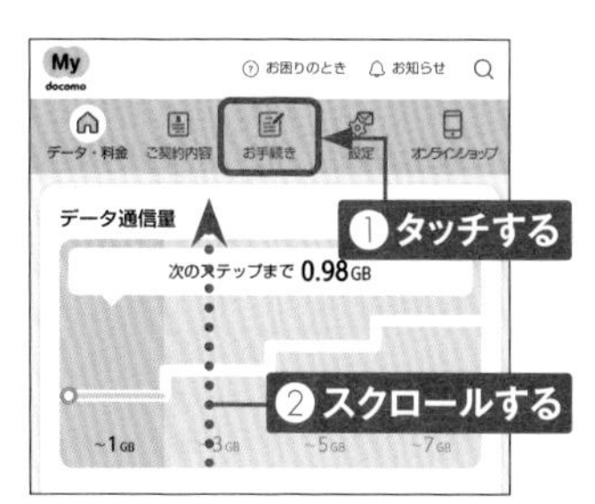

6 「カテゴリから探す」の［契約・料金］をタッチします。

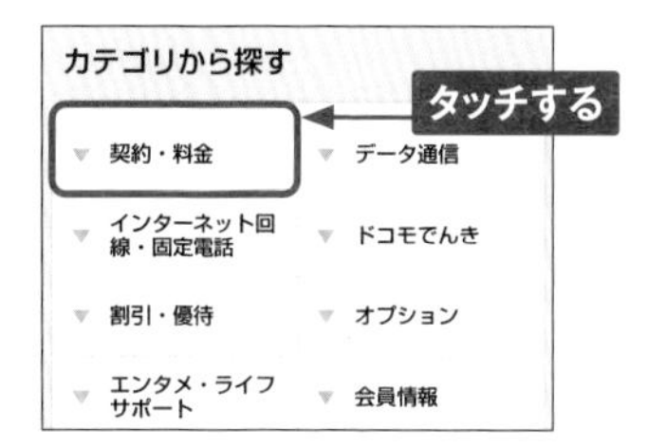

7 「契約・料金」の［ご契約内容確認・変更］をタッチして展開します。

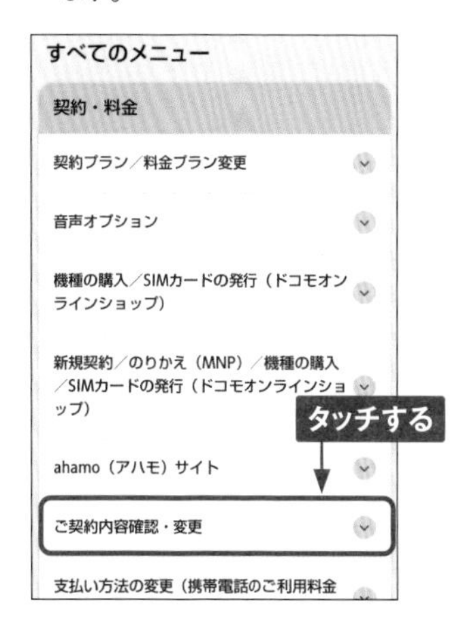

8 表示された［確認・変更する］をタッチします。

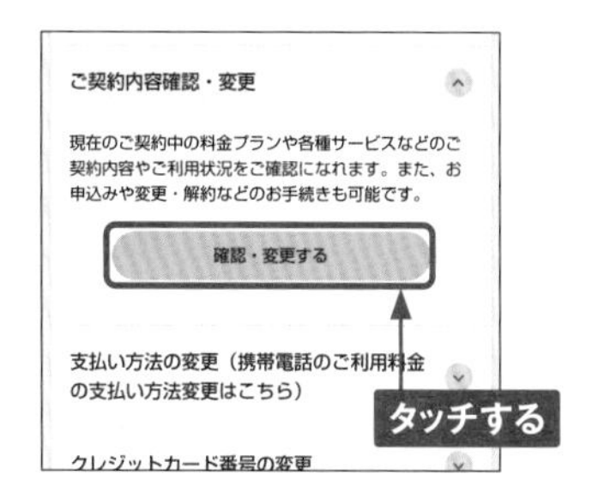

9 「ご契約内容確認・変更」画面を上方向へスクロールします。

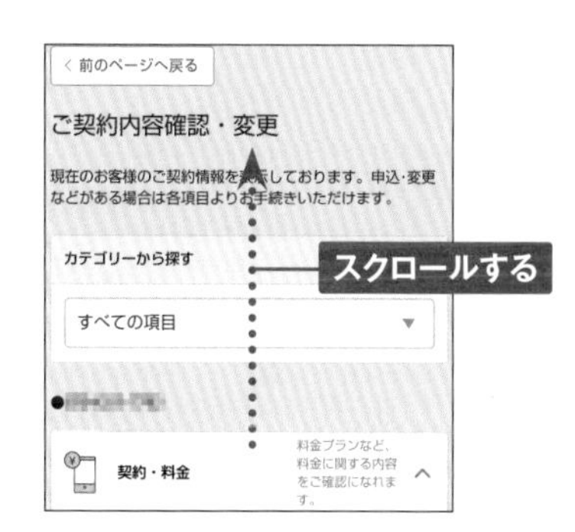

10 ［オプション］をタッチして展開します。

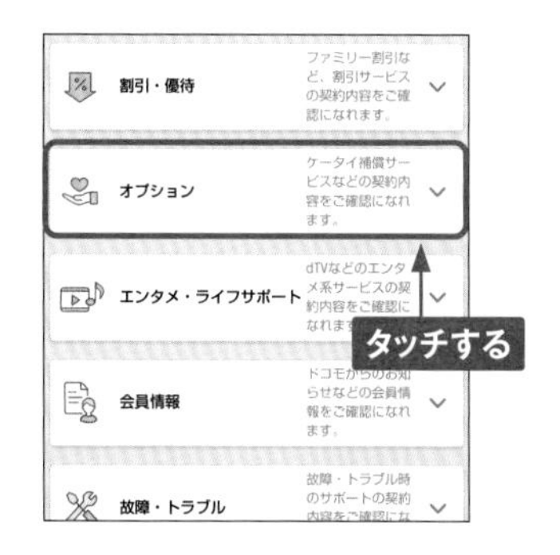

11 有料オプションサービスの契約状況が表示されます。申し込みや解約をしたいサービスの［申込］または［解約］をタッチします。

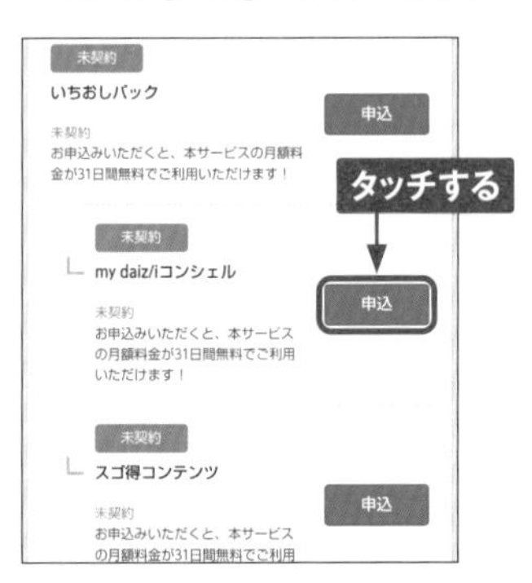

12 画面を上方向にスクロールして、契約内容を確認します。

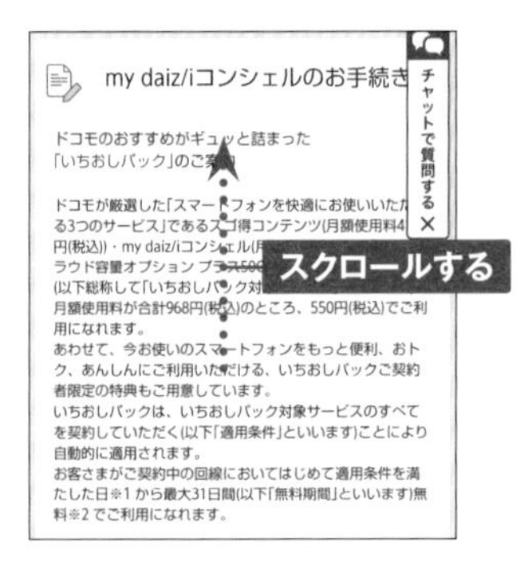

13 「お手続き内容確認」にチェックが付いていることを確認して、画面を上方向にスクロールします。

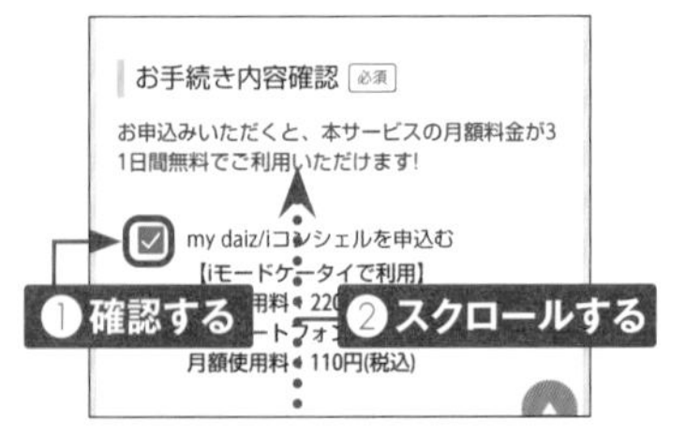

14 受付確認メールの送信先をタッチして選択し、［次へ進む］をタッチします。

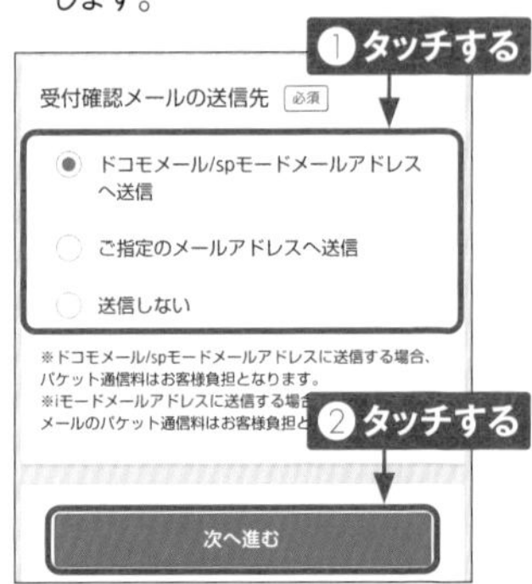

15 確認画面が表示されるので、［はい］をタッチします。

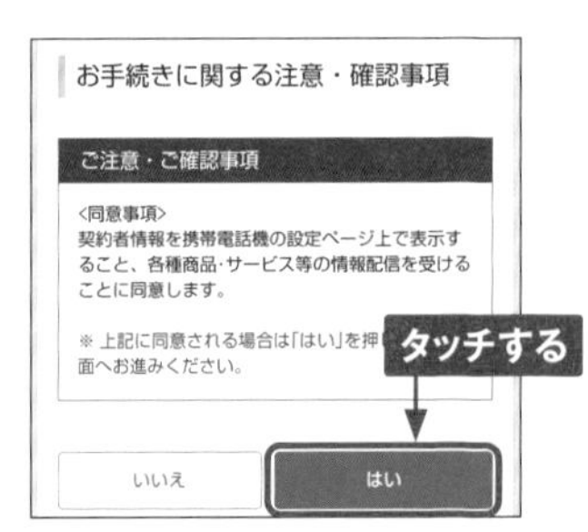

16 ［開いて確認］をタッチして注意事項を確認し、チェックボックスにチェックを付け、［同意して進む］→［この内容で手続きを完了する］の順でタッチすると、手続きが完了します。

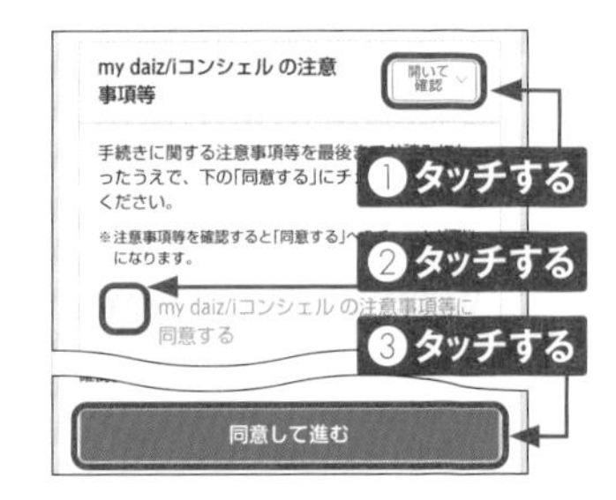

ドコモのアプリをアップデートする

1 設定メニューで［ドコモのサービス/クラウド］をタッチします。

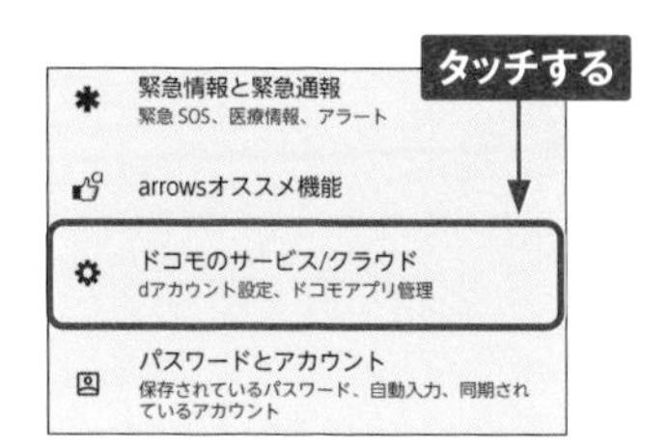

2 「ドコモのサービス/クラウド」画面で［ドコモアプリ管理］をタッチします。

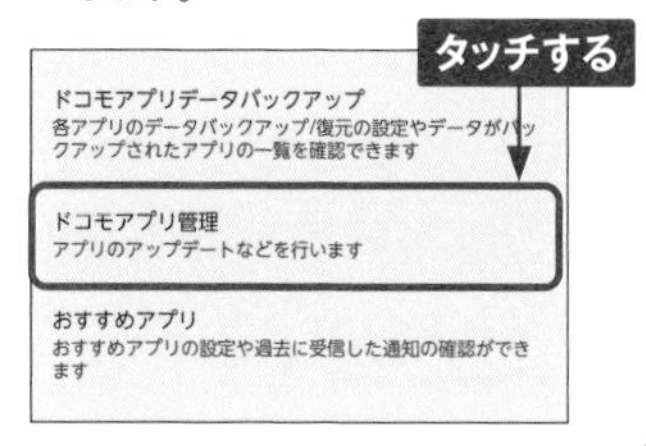

3 「ドコモアプリ管理」画面で［すべてアップデート］をタッチします。

4 それぞれのアプリで「ご確認」画面が表示されたら、［同意する］をタッチします。

5 アプリのアップデートが開始します。

Section 41

my daizを利用する

「my daiz」は、話しかけるだけで情報を教えてくれたり、ユーザーの行動に基づいた情報を自動で通知してくれたりするサービスです。使い込めば使い込むほど、さまざまな情報を提供してくれます。

5

my daizの機能

my daizは、登録した場所やプロフィールに基づいた情報を表示してくれるサービスです。有料版を使用すれば、ホーム画面のmy daizのアイコンが先読みして教えてくれるようになります。また、直接my daizと会話して質問したり本体の設定を変更したりすることもできます。

●アプリで情報を見る

「my daiz」アプリで「NOW」タブを表示すると、道路の渋滞情報を教えてくれたり、帰宅時間に雨が降りそうな場合に傘を持っていくよう提案してくれたりなど、ユーザーの登録した内容と行動に基づいた情報が先読みして表示されます。

●my daizと会話する

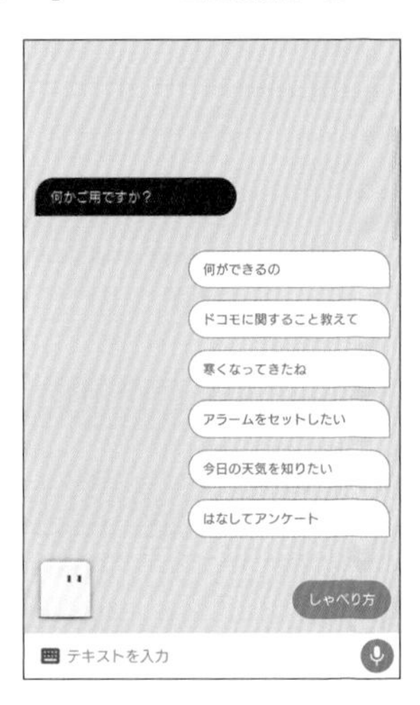

「my daiz」アプリを起動して「マイデイズ」と話しかけると、対話画面が表示されます。マイクアイコンをタップして話しかけたり、文字を入力したりすることで、天気予報の確認や調べ物、アラームやタイマーなどの設定ができます。

my daizを利用できるようにする

1 ホーム画面でマチキャラをタップします。

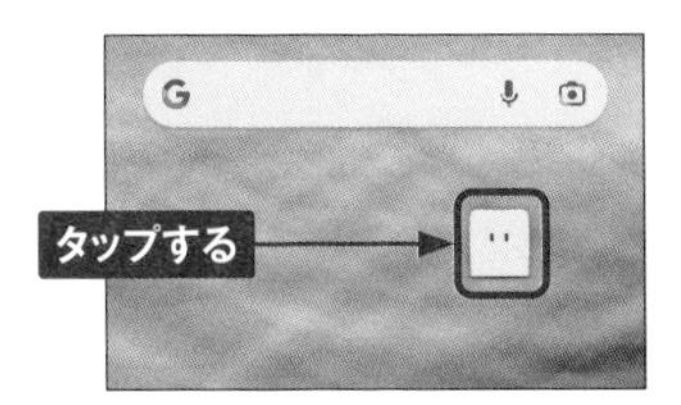

2 初回起動時は機能の説明画面が表示されます。[はじめる]→[次へ] の順にタップし、[アプリの使用時のみ] や [許可] を数回タップします。

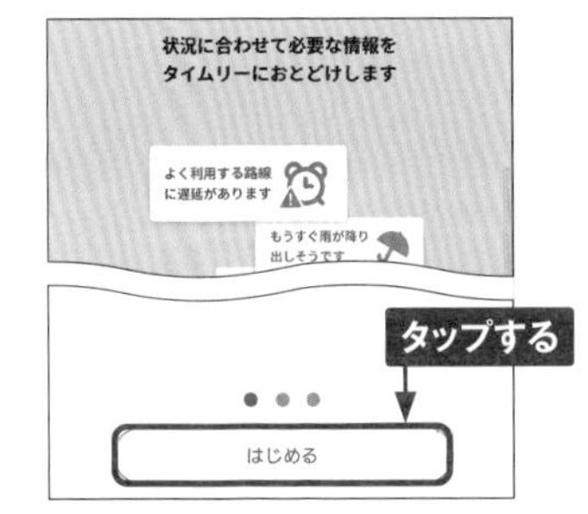

3 初回は利用規約が表示されるので、上方向にスライドして「上記事項に同意する」のチェックボックスをタップしてチェックを付け、[同意する] → [あとで設定] の順にタップします。

4 「my daiz」が起動します。≡をタップしてメニューを表示し、[設定] をタップします。

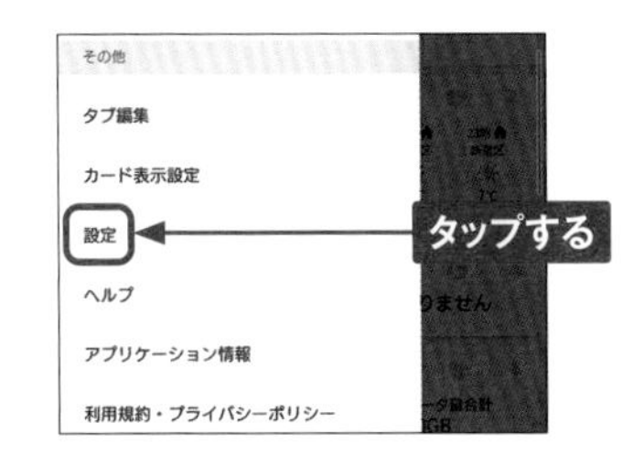

5 [プロフィール] をタップしてdアカウントのパスワードを入力すると、さまざまな項目の設定画面が表示されます。未設定の項目は設定を済ませましょう。

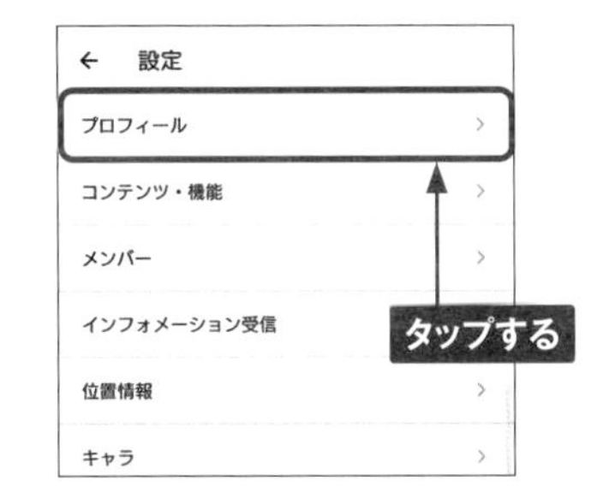

6 手順⑤の画面で [コンテンツ・機能] をタップすると、ジャンル別にカードの表示や詳細を設定できます。

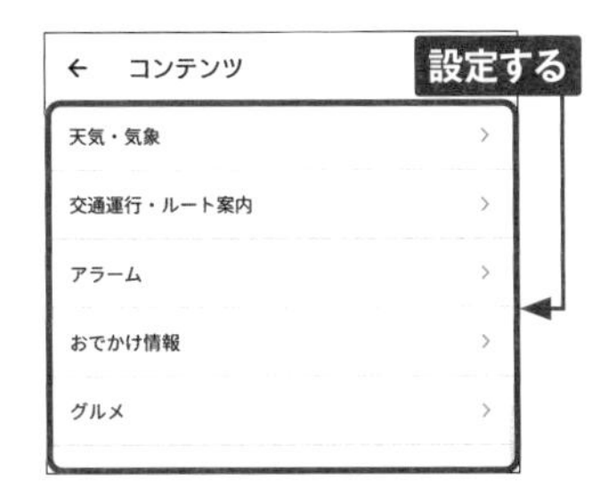

5

Section 42

d払いを利用する

「d払い」は、NTTドコモが提供するキャッシュレス決済サービスです。お店でバーコードを見せるだけでスマホ決済を利用できるほか、Amazonなどのネットショップの支払いにも利用できます。

5

 d払いとは

「d払い」は、以前からあった「ドコモケータイ払い」を拡張して、ドコモ回線ユーザー以外も利用できるようにした決済サービスです。ドコモユーザーの場合、支払い方法に電話料金合算払いを選べ、より便利に使えます（他キャリアユーザーはクレジットカードが必要）。

「d払い」アプリでは、バーコードを見せるか読み取ることで、キャッシュレス決済が可能です。支払い方法は、電話料金合算払い、d払い残高（ドコモ口座）、クレジットカードから選べるほか、dポイントを使うこともできます。

画面下部の［クーポン］をタップすると、クーポンの情報が一覧表示されます。ポイント還元のキャンペーンはエントリー操作が必須のものが多いので、こまめにチェックしましょう。

d払いの初期設定を行う

1 Wi-Fiに接続している場合はSec.65を参考にオフにしてから、ホーム画面で［d払い］をタップします。

2 サービス紹介画面で［次へ］をタップして読み、［OK］→［アプリの使用時のみ］をタップします。

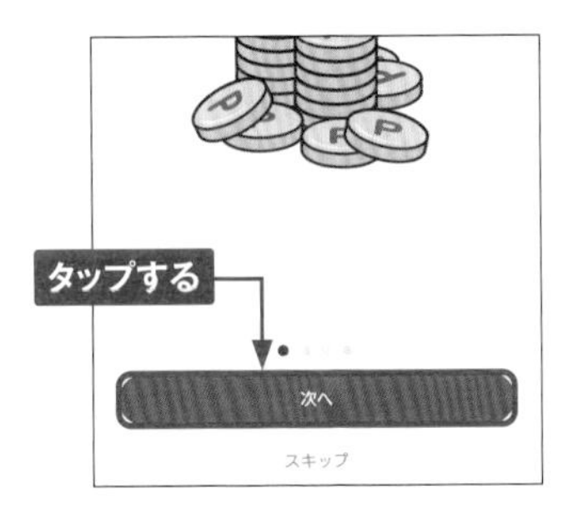

3 「ご利用規約」画面をよく読み、［同意して次へ］をタップします。

4 「ログイン」画面でspモードパスワード（Sec.11参照）を入力して、［spモードパスワード確認］をタップします。次の画面でドコモ口座を作るか訊かれたら、［いいえ］か［はい］をタップします。

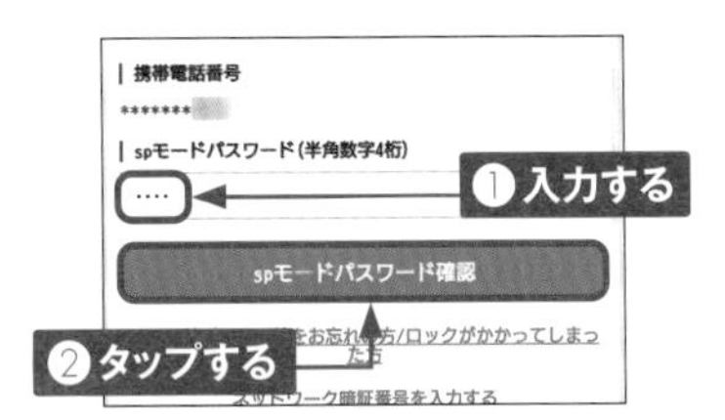

5 「ご利用設定」画面で［次へ］をタップし、使い方の説明で［次へ］を何度かタップして［はじめる］をタップすると、利用設定が完了します。

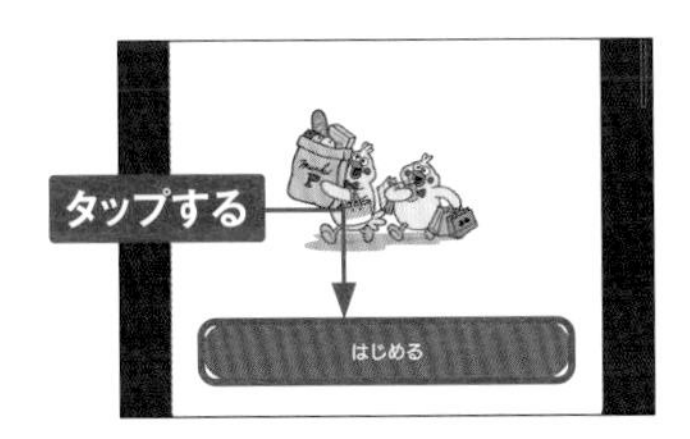

MEMO dポイントカード

「d払い」アプリの画面右下の［dポイントカード］をタップすると、モバイルdポイントカードのバーコードを表示できます。dポイントカードが使える店では、支払い前にdポイントカードを見せて、d払いで支払うことで、二重にdポイントを貯めることができます。

Section 43

ドコモデータコピーを利用する

ドコモデータコピーでは、電話帳やスケジュールなどのデータをmicroSDカードに保存できます。データが不意に消えてしまったときや、機種変更するときにすぐにデータを戻すことができます。

5

ドコモデータコピーでデータをバックアップする

1 あらかじめmicroSDカードを挿入しておき、P.20を参考に［ツール］→［データコピー］をタップします。表示されていない場合は、P.119を参考にアプリをアップデートします。

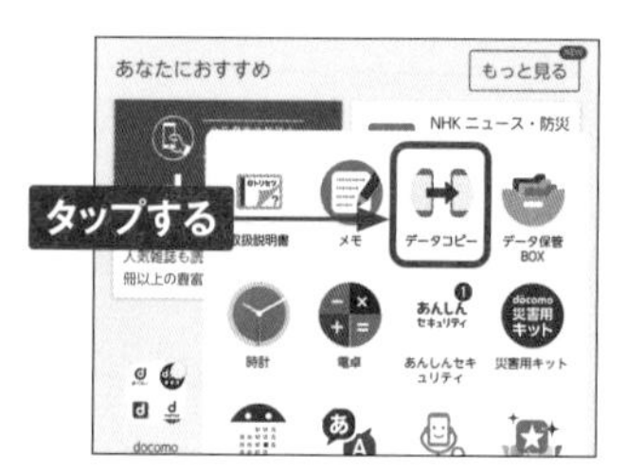

2 初回起動時に「ドコモデータコピー」画面が表示された場合は、［規約に同意して利用を開始］をタップします。

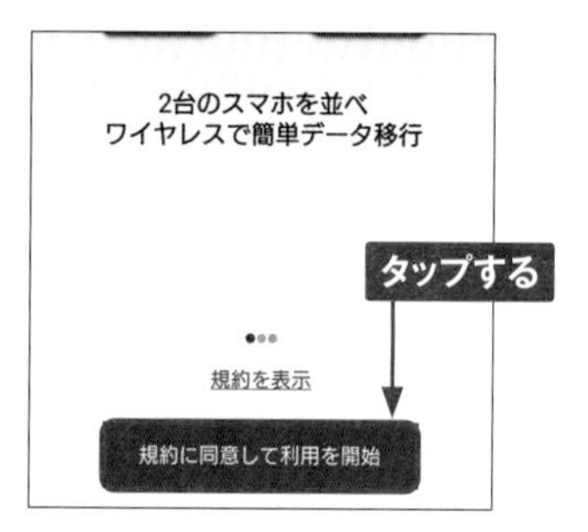

3 「ドコモデータコピー」画面で［バックアップ&復元］をタップします。

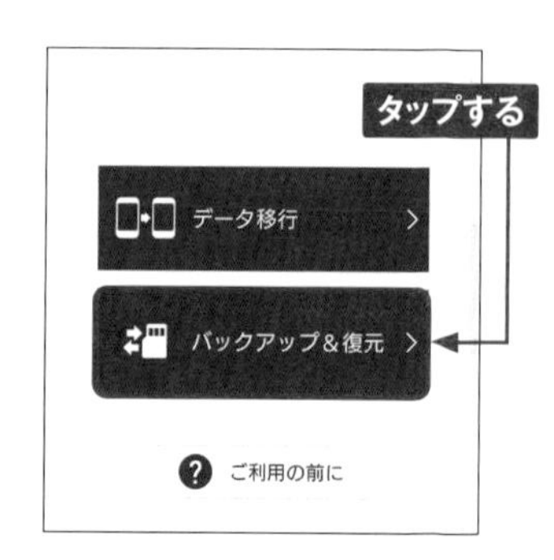

4 「アクセス許可」画面が表示されたら［スタート］をタップし、［許可］を何度かタップして進みます。

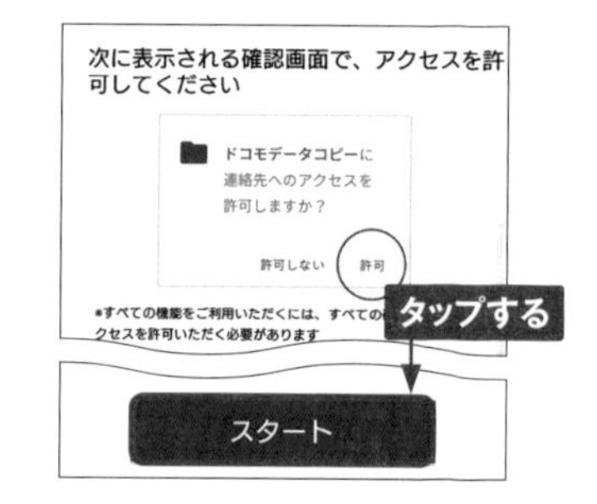

5 [設定] をタップします。

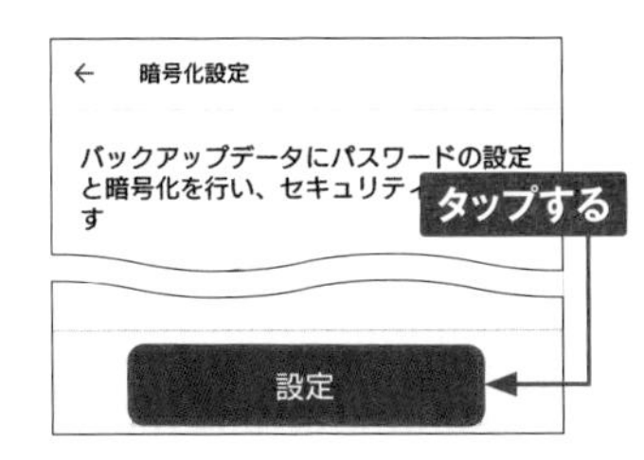

6 [バックアップ] をタップします。

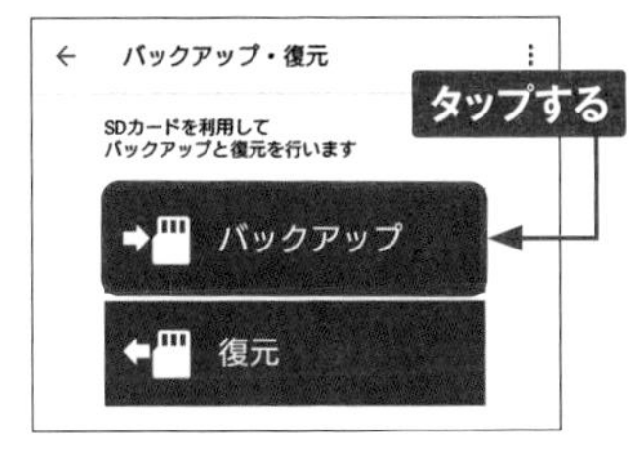

7 「バックアップ設定」画面でバックアップする項目をタップしてチェックを付け、[バックアップ開始] をタップします。

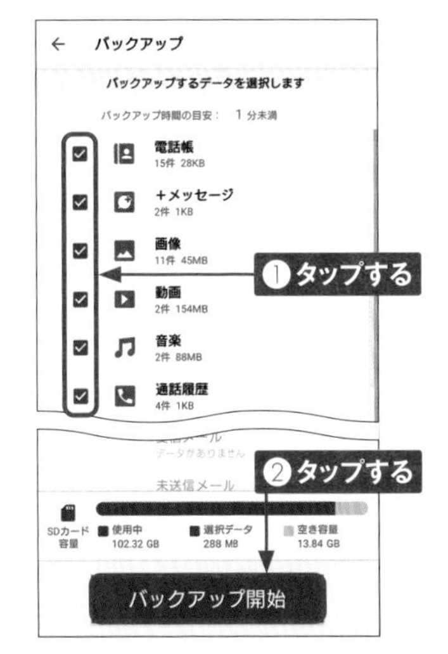

8 「確認」画面で [開始する] をタップします。

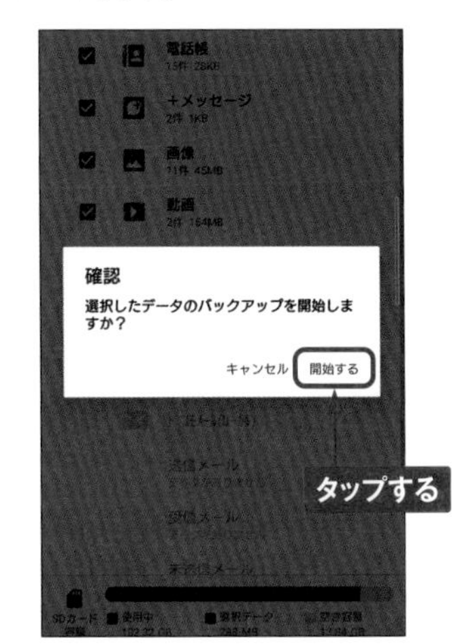

9 バックアップが完了したら、[トップに戻る] をタップします。

ドコモデータコピーでデータを復元する

① P.125手順⑥の画面で［復元］をタップします。

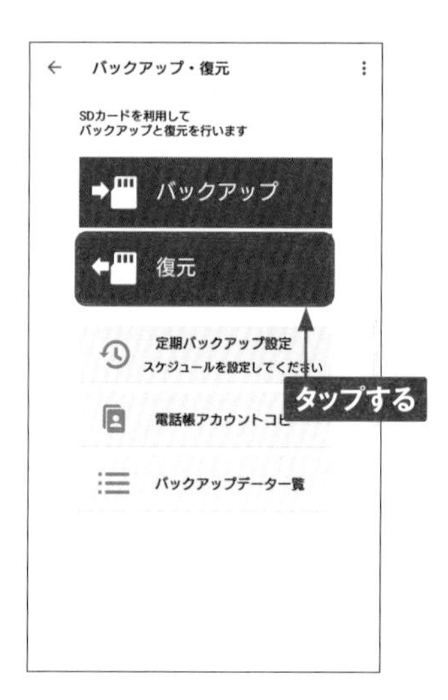

② 復元するデータをタップしてチェックを付け、［次へ］をタップします。

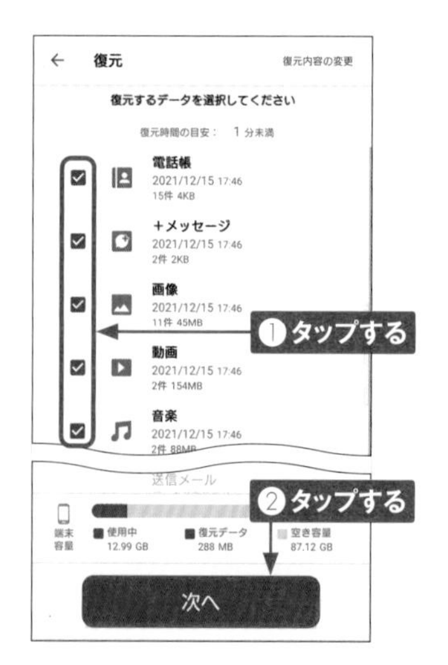

③［復元開始］をタップします。

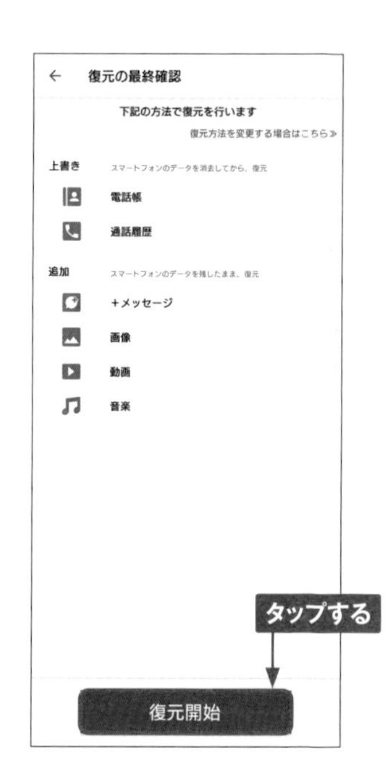

④「確認」画面が表示されるので、［開始する］をタップすると、データが復元されます。

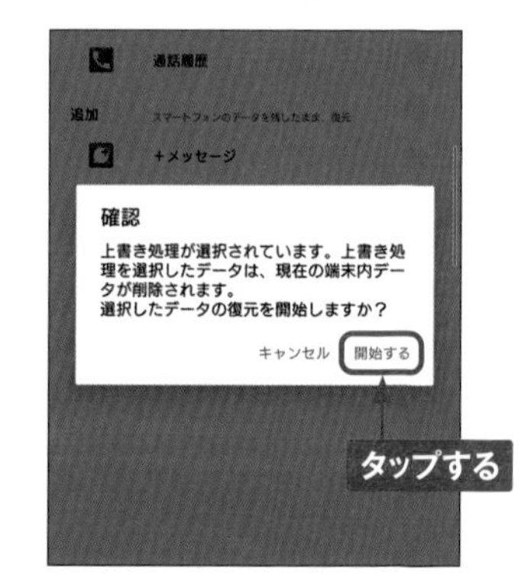

Chapter 6

音楽や写真・動画を楽しむ

Section 44

パソコンからファイルを取り込む

Application

F-51CはUSB Type-Cケーブルでパソコンと接続して、本体メモリーやmicroSDカードにパソコンの各種データを転送ができます。お気に入りの音楽や写真、動画を取り込みましょう。

パソコンとF-51Cを接続してデータを転送する

6

1 パソコンとF-51CをUSB Type-Cケーブルで接続します。F-51Cに「USBの設定」画面が表示されたら、[ファイル転送]をタップします。パソコンでエクスプローラーを開き、[PC]の下にある[F-51C]をクリックします。

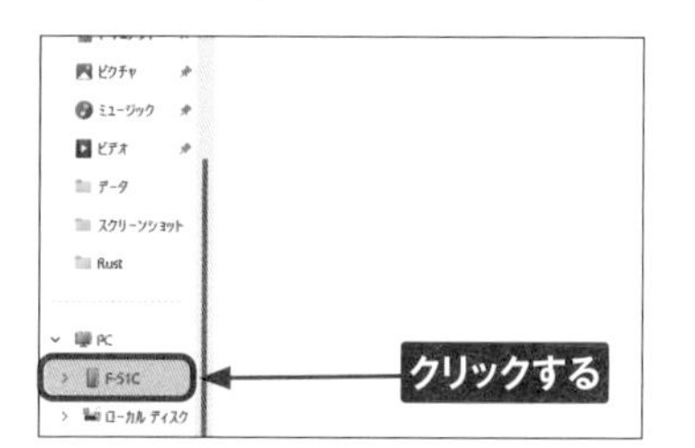

2 本体メモリは「内部共有ストレージ」と表示されます。microSDカードを挿入している場合は「SDカード」も表示されます。ここでは、本体にデータを転送するので、[内部共有ストレージ]をダブルクリックします。

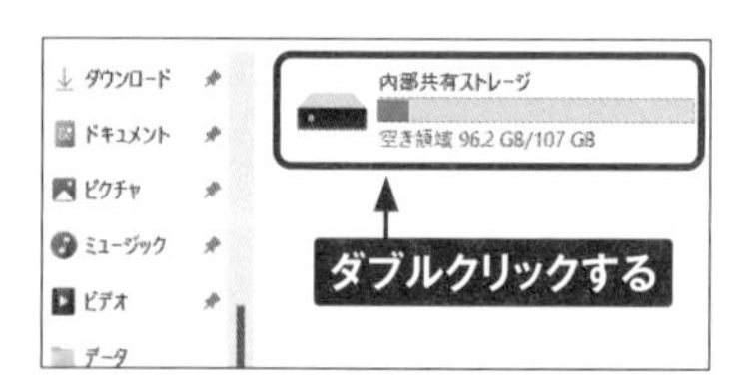

3 本体に保存されているファイルが表示されます。ここでは、フォルダを作ってデータを転送します。右クリックして、[新規フォルダー]をクリックします。

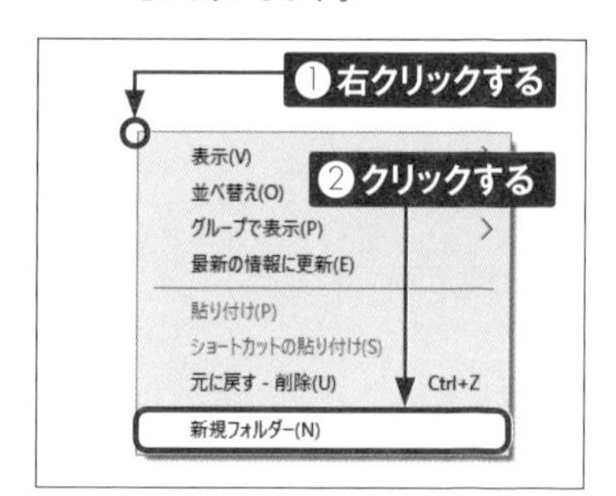

4 フォルダが作成されるので、フォルダ名を入力します。

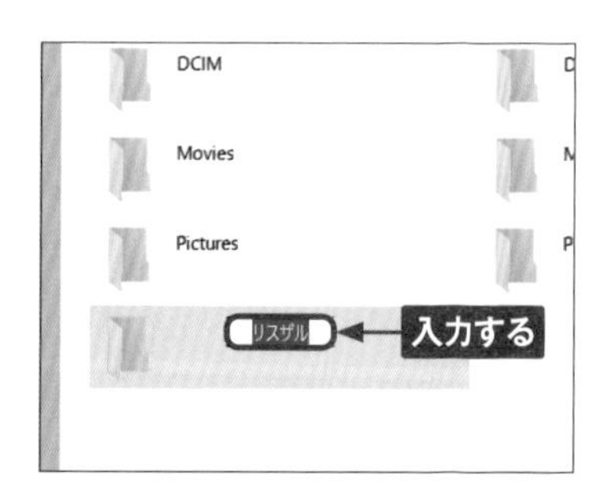

5 フォルダ名を入力したら、フォルダをダブルクリックして開きます。

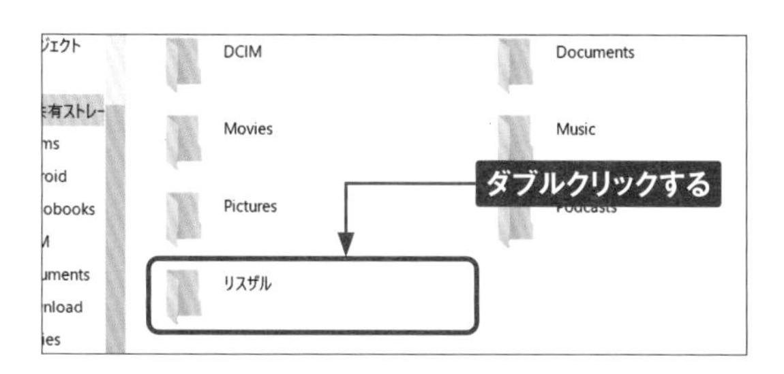

6 転送したいデータが入っているパソコンのフォルダを開き、ドラッグ&ドロップで転送したいファイルやフォルダをコピーします。

7 作成したフォルダにファイルが転送されました。

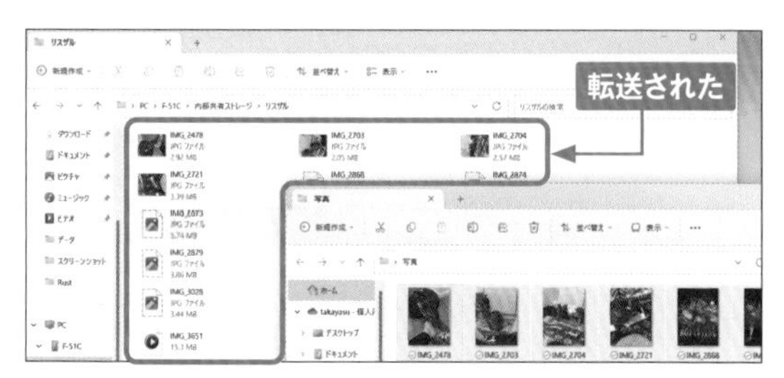

8 ファイルをコピー後、F-51Cのアプリ（写真は「フォト」アプリ）を起動すると、コピーしたファイルが読み込まれて表示されます。ここでは写真ファイルをコピーしましたが、音楽や動画のファイルも同じ方法で転送できます。

6

Section 45

本体内の音楽を聴く

F-51Cでは、音楽の再生や音楽情報の閲覧などができる「YT Music」アプリを利用することができます。ここでは、本体に取り込んだ曲の再生方法を紹介します。

音楽ファイルを再生する

1 ホーム画面で［Google］をタップし、フォルダ内の［YT Music］をタップします。

2 初回起動時は設定画面が表示されます。×をタップします。「好きなアーティストの選択」画面では、好きなアーティストをタップし、［完了］をタップします。

3 アクセス許可が表示されたら、［アプリの使用中のみ許可］→［OK］の順にタップします。［ライブラリ］をタップします。

4 音楽ファイルの表示方法を選択します。ここでは［アルバム］をタップします。

5 「デバイスの音楽ファイルを再生しますか?」と表示されたら、［許可］→［許可］の順にタップします。［デバイスのファイル］をタップします。

⑥ 聴きたいアルバムをタップします。

⑦ 聴きたい曲をタップすると、ミュージックプレイヤー画面が表示され、再生が開始します。

ミュージックプレイヤー画面の見かた

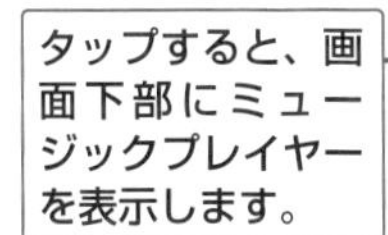

Section 46

Application

写真を撮影する

F-51Cには、高性能なカメラが搭載されています。さまざまなシーンで自動で最適の写真が撮れるほか、モードや、設定を変更することで、自分好みの撮影ができます。

写真を撮影する

1 ホーム画面で[カメラ]をタップします。機能の説明画面が表示されますので、[OK]をタップします。

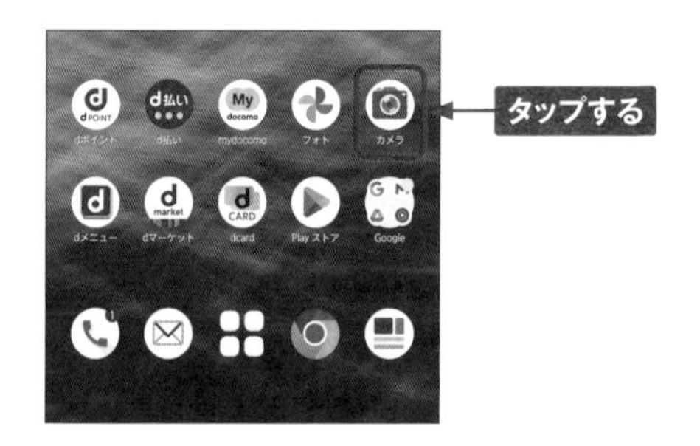

2 写真を撮るときは、カメラが起動したらピントを合わせたい場所をタップして、[シャッター]をタップすると、写真が撮影できます。また、ロングタッチすると、連続撮影ができます。

3 撮影した後、直前に撮影したデータアイコンをタップすると、撮った写真を確認することができます。[切替]をタップすると、インカメラとアウトカメラを切り替えることができます。

撮影画面の見かた

❶	設定メニュー表示	❼	撮影モード選択
❷	静止画撮影／動画撮影切り替え	❽	撮影モード表示
❸	フラッシュ切り替え	❾	カメラ切り替え
❹	フォーカス枠	❿	シャッターボタン／録画開始ボタン
❺	レンズ切り替え	⓫	直前に撮影した静止画／動画表示
❻	Googleレンズ	⓬	共有

Google レンズで撮影したものをすばやく調べる

① カメラを起動し、をタップします。初回起動時は［カメラを起動］→［常に許可］→［許可］の順にタップします。

② 調べたいものにカメラをかざし、画面上のをタップし、シャッターボタンをタップします。

③ 調べたいものにマッチした検索結果が表示されます。━を上にスワイプします。

④ さらに詳しい情報をWeb検索で調べることができます。

6

カメラの機能を利用する

●超広角撮影モード

1 カメラの起動中に をタップします。

2 超広角撮影モードになります。視野の広い画角も撮影できます。ピントが合ったら をタップします。

●Photoshop Expressモード

1 撮影する写真を自動補正してくれる「Photoshop Expressモード」を利用します。カメラの起動中に［モード］をタップして、［Photoshop Expressモード］をタップします。

2 「Photoshop Expressモード」の解説が表示されますので、［OK］をタップします。

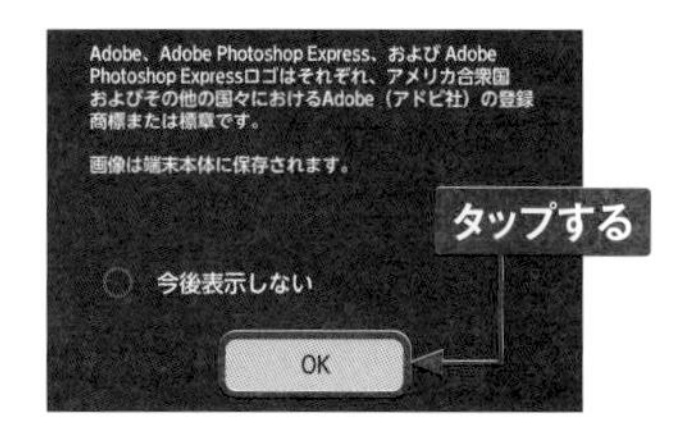

3 をタップして撮影します。「Photoshop Expressモード」では、撮影した写真と補正後の写真の2枚が保存されます。

6

カメラの設定を変更する

●設定画面を表示する

1 カメラの起動中に、⚙をタップします。

2 「設定」画面が表示されます。項目をタップして、機能を有効にしたり設定を変更したりできます。

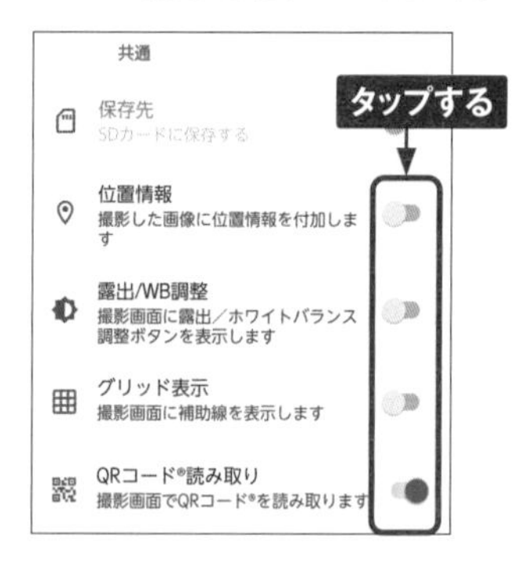

3 設定を変更後、←または◀をタップすると、もとの画面に戻ります。

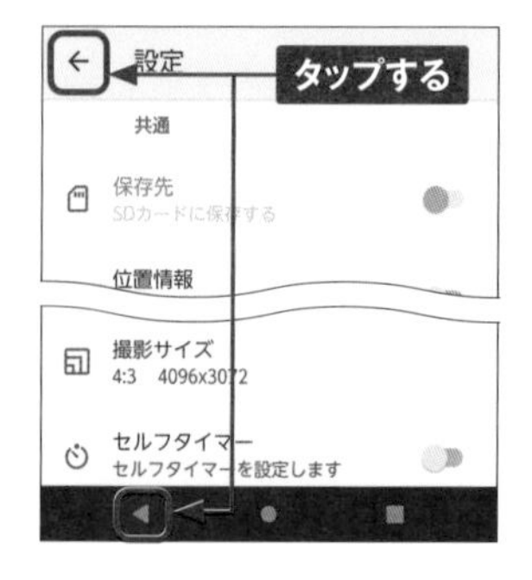

●撮影サイズを変更する

1 「設定」画面を表示し、「静止画」の［撮影サイズ］をタップします。

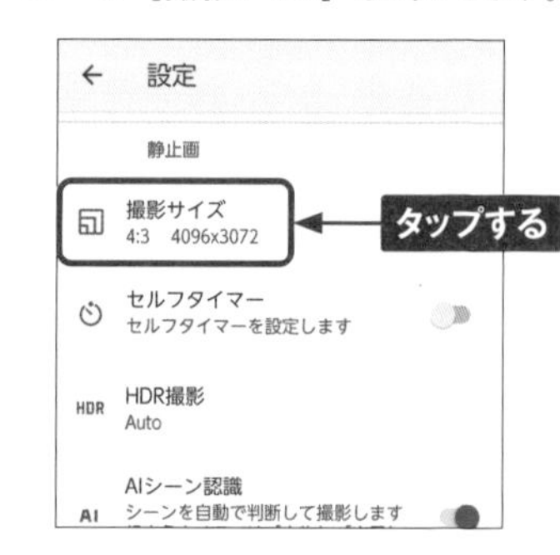

2 指定したい画像のサイズをタップして選択します。

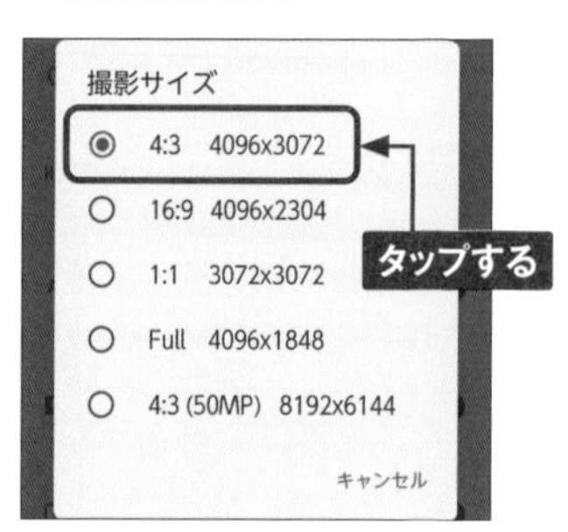

MEMO 画像サイズと容量

撮影サイズを大きくするほど大きな写真になりますが、容量も大きくなるため大量の写真を端末内に保管しづらくになります。自分のこだわりや用途によってちょうどいいサイズを利用するようにしましょう。

●連写機能を利用する

1 「設定」画面を表示し、「静止画」の［長押し連写］をタップしてオンにします。

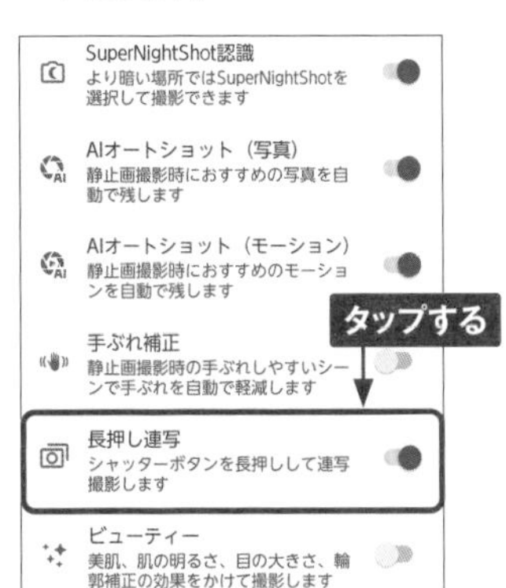

2 写真の撮影時、◯をロングタッチすることで押している間連続しての撮影ができるようになります。

MEMO 自動でオフになる機能

長押し連写機能を有効にすると、手ぶれ補正機能や美肌補正機能が強制的にオフになります。よく使う機能の場合は操作後にオフになった機能をオンにしておきましょう。

●セルフタイマーを利用する

1 「設定」画面を表示し、「静止画」の［セルフタイマー］をタップしてオンにします。

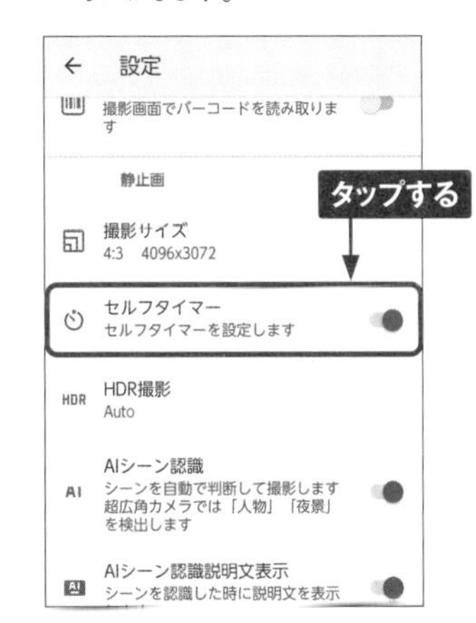

2 撮影画面に戻ると、セルフタイマー用のボタンが表示されています。◯をタップします。

3 上下にドラッグして時間を指定し、◯をタップすると、指定した時間の経過後に写真が撮影されます。

Section 47

Application

動画を撮影する

F-51Cのカメラは、動画撮影の機能も備えています。動画はカメラを切り替えて撮影します。ハイスピード動画を撮ることも可能です。また、動画の撮影中に写真を撮ることもできます。

F-51Cのカメラで動画を撮る

① P.132手順①を参考にカメラを起動します。■をタップします。

② 動画が撮影できるようになりました。◉をタップします。

③ 撮影時間が左下に表示されます。撮影を一時中止したい場合は、⏸をタップします。

4 撮影を終了したいシーンで◼をタップします。

5 撮影が終了します。画面の右上をタップすると、撮影した動画が表示され、再生することができます。

6 動画の撮影中でも、◯をタップすれば静止画（写真）の撮影が可能です。撮影した写真は動画とは別に保存されます。

7 後から動画を見る場合は、「フォト」アプリ（P.142参照）で動画を選択すると、動画が再生されます。

動画の設定を変更する

1 動画でも、写真と同様に⚙をタップして設定を変更することができます。ここでは、写真と共通の設定を含めて紹介します。

2 「動画」の［撮影サイズ］をタップすると、動画のサイズを変更できます。［手ぶれ補正］も写真と同様に設定できます。

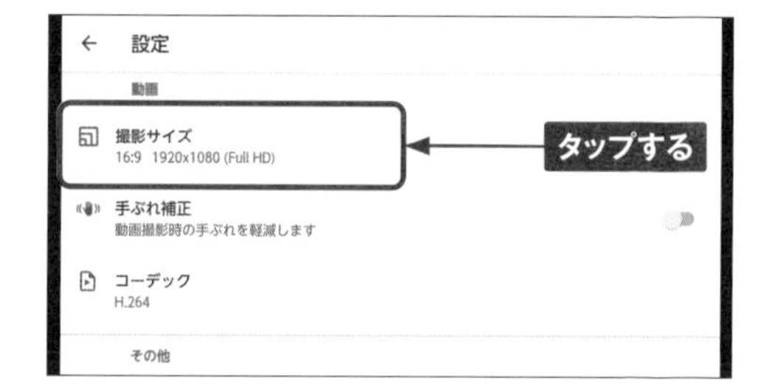

3 ［グリッド表示］をタップしてオンにすると、撮影画面に写真や動画には写らないグリッド線が表示されます。構図を決める際に便利な機能です。

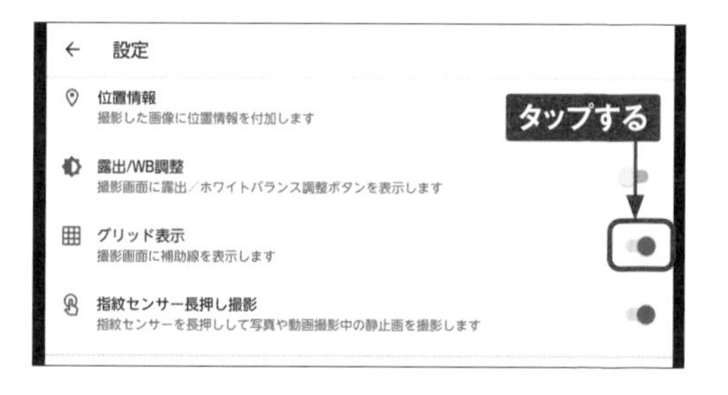

4 ［露出／WB調整］をタップしてオンにすると、撮影画面でより細かな設定ができるようになります。

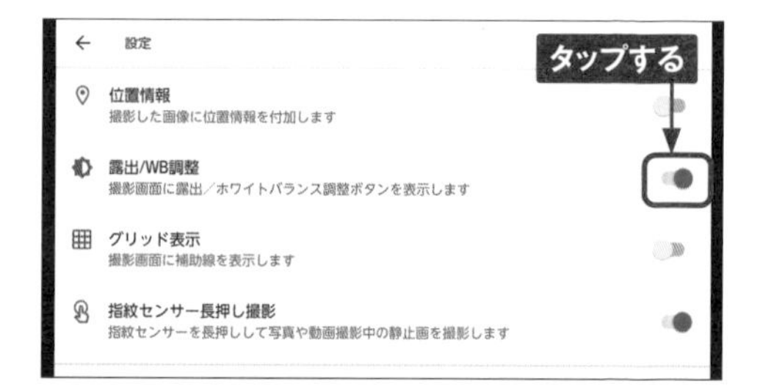

Live Auto Zoom機能を利用する

1 撮影画面の［モード］をタップし、［Live Auto Zoom］をタップします。

2 機能の説明が表示されるので、［OK］をタップします。

3 被写体の周囲を指でなぞって囲みます。被写体の周囲に円が表示されます。

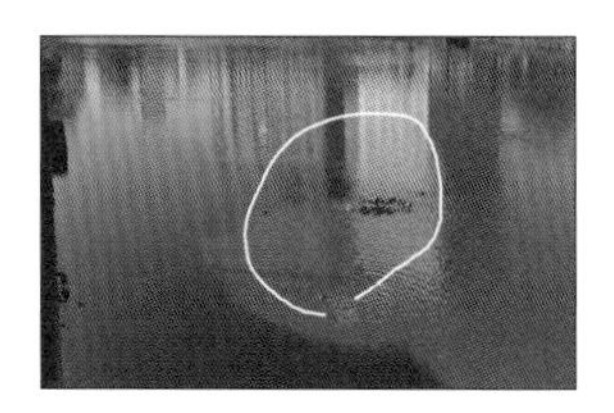

4 ◉をタップすると、動画が撮影されます。撮影中、被写体を自動で追尾してズームしてくれます。

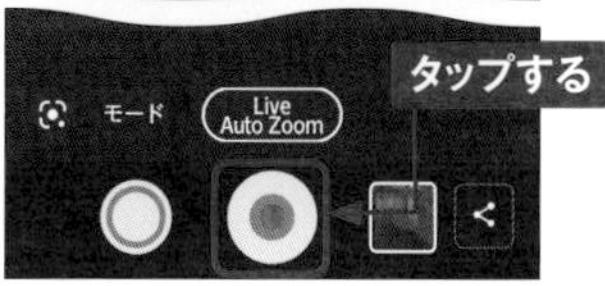

5 円をタップすることで、ズームの一時停止や再開、解除操作が行えます。

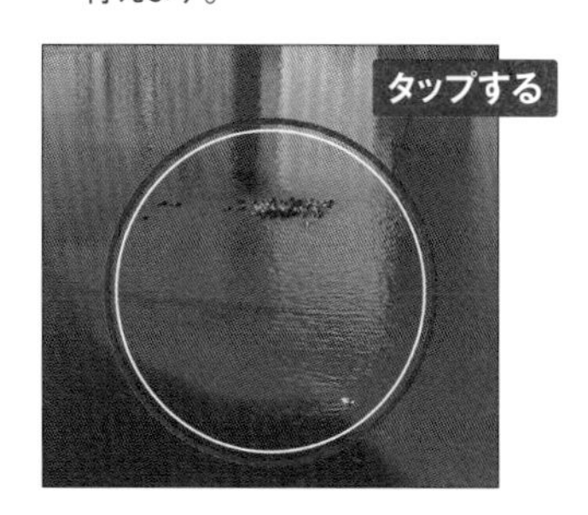

6

Section 48

写真や動画を閲覧する

F-51Cには、写真や動画の閲覧用に「フォト」アプリが最初からインストールされています。撮影した写真や動画は、その場ですぐに再生して楽しむことができます。

写真や動画を閲覧する

1 ホーム画面でをタップします。初回は、[バックアップをオンにする] をタップします。

2 写真と動画が一覧表示されます。閲覧したい写真や動画をタップします。

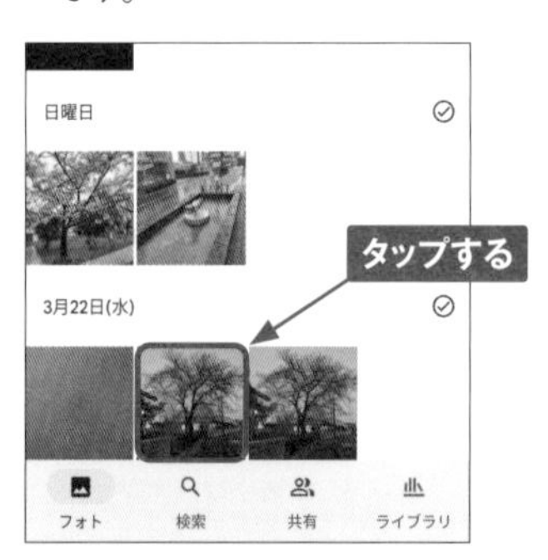

3 選択した写真や動画が表示されます。動画の場合、画面をタップすることで再生の停止やシーク操作を行うことができます。

4 ←をタップすると、もとの画面に戻ります。

写真や動画を共有する

1 共有したい写真や動画を表示し、［共有］→［許可］をタップします。

2 写真のメールへの添付や、SNSへの投稿ができます。追加して複数の写真を利用できます。ここでは例として、「アプリで共有」の［Gmail］をタップします。

3 添付された状態でGmail作成画面が表示されるので、宛先や件名、内容を入力します。

4 入力を完了後、▷をタップすると、メールが送信されます。

6

写真や動画を編集する

① P.142を参考に写真や動画を表示し、［編集］をタップします。

② ここでは画像にフィルタをかける方法を解説します。下のメニューを左右にスライドし、フィルタを表示します。

③ 目的のフィルタをタップして、［保存］→［コピーを保存］をタップします。

④ 編集が完了しました。

写真や動画を削除する

1 削除したい写真や動画を表示し、[削除] をタップします。

2 確認のメッセージが表示されます。[ゴミ箱に移動] をタップします。

3 表示していた写真や動画が削除されます。画面には次の写真や動画が表示されます。

一覧からの削除

P.142手順②の画面で写真や動画をロングタッチすると、複数の写真や動画をまとめて共有したり削除したりできます。削除する場合は選択後に■をタップします。撮影日などの単位でも操作できるので、一度に大量の写真を扱う場合は試してみてもよいでしょう。

その他の操作

●詳細設定

① ⋮をタップします。

② 撮影日時などの確認や、細かな設定ができます。行える操作は写真と動画で異なります。

●ライブラリと検索

① 「フォト」アプリの使用中に［ライブラリ］をタップすると、写真などのデータを区分したライブラリを確認できます。お気に入りの表示や削除した写真などの確認、アルバムの作成もここから行えます。

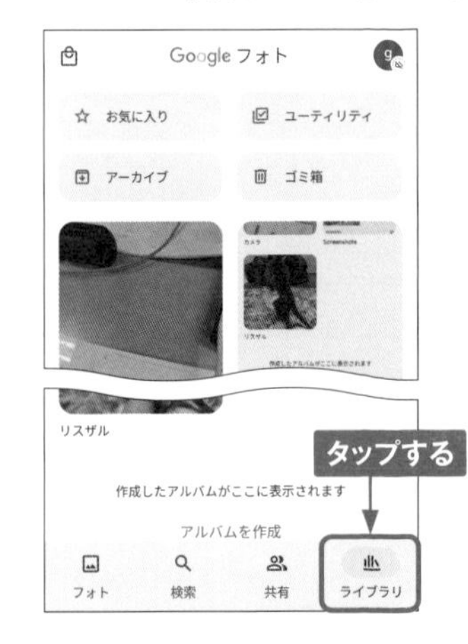

② ［検索］をタップすると、カテゴリや設定した加工などの条件で端末内の写真を検索することができます。

Chapter 7

F-51Cを使いこなす

Section 49

ホーム画面をカスタマイズする

アプリアイコンは、アプリ一覧画面からホーム画面へ移動したり、ホーム画面からアプリ一覧画面に戻したりできます。フォルダを作成して複数のアプリアイコンをまとめることもできます。

アプリアイコンをホーム画面に移動する

1 P.20手順①を参考にアプリ一覧画面を表示し、移動したいアプリアイコンをロングタッチし、［ホーム画面に追加］をタップします。

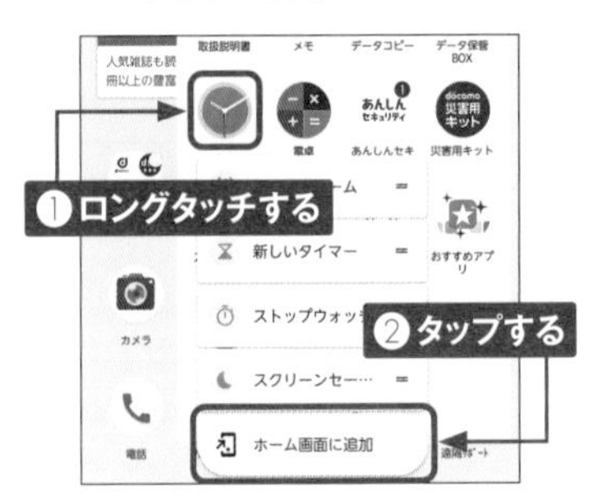

2 アプリアイコンがホーム画面上に表示されます。

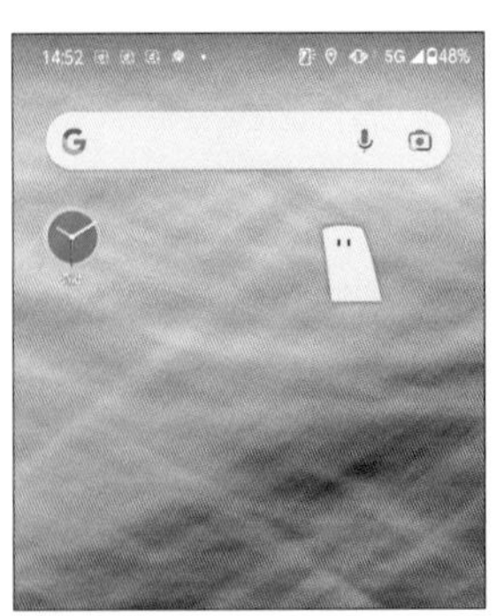

3 ホーム画面のアプリアイコンをロングタッチします。

4 ドラッグして、任意の位置に移動することができます。左右のホーム画面に移動することも可能です。

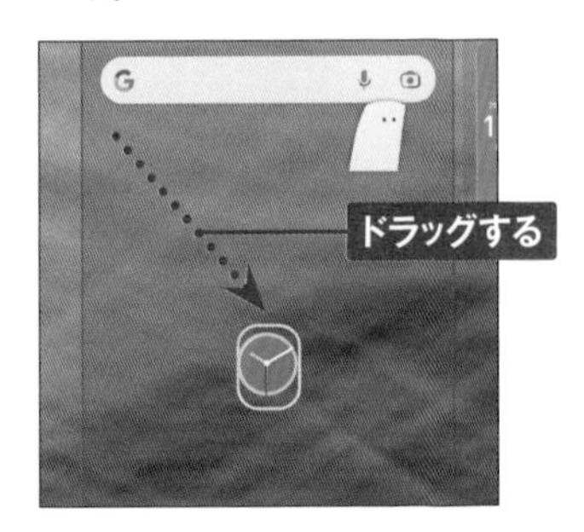

7

アプリアイコンをアプリ一覧画面に戻す

① ホーム画面で、アプリ一覧画面に戻したいアプリアイコンをロングタッチします。

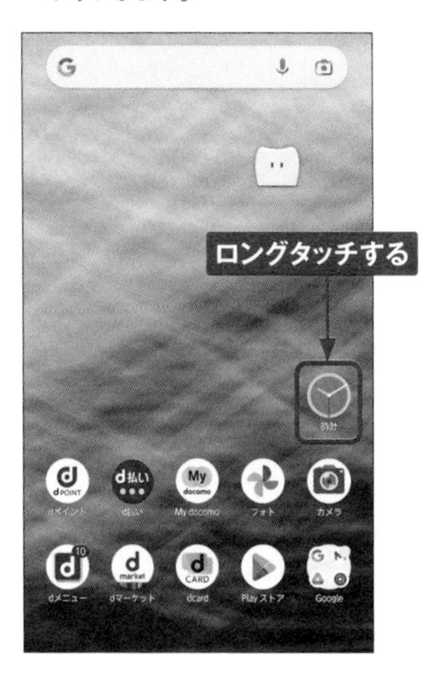

② ［削除］までドラッグします。

③ ホーム画面上からアプリアイコンが削除されます。

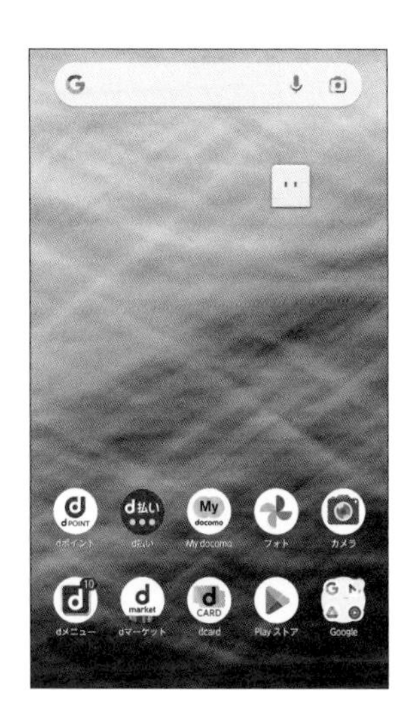

④ P.20手順①を参考にアプリ一覧画面を表示し、アプリアイコンが戻ったことを確認します。

フォルダを作成する

1 ホーム画面でフォルダに収めたいアプリアイコンをロングタッチします。

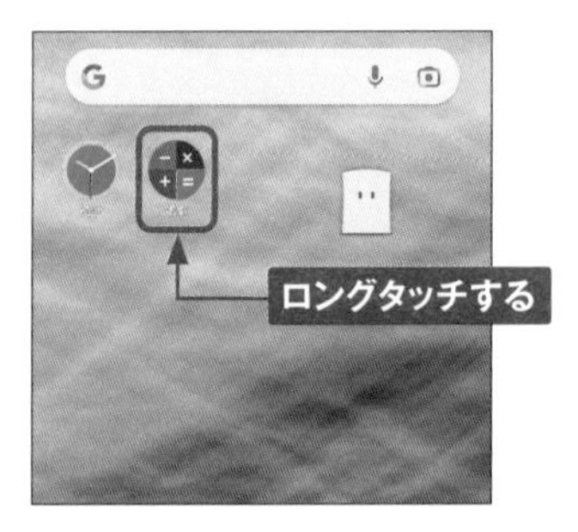

2 同じフォルダに収めたいアプリアイコンの上にドラッグします。

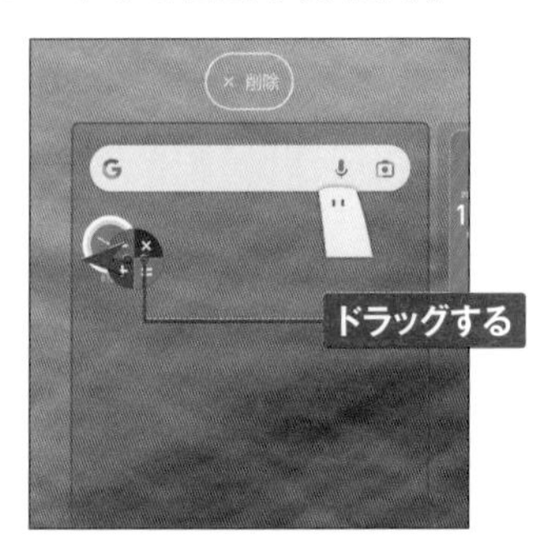

3 確認画面が表示されるので、[作成する] をタップします。

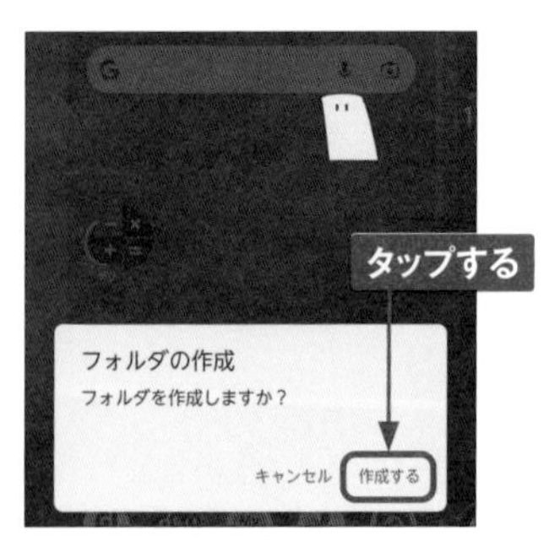

4 フォルダが作成されます。[フォルダ] をタップします。

5 フォルダが開いて、中のアイコンが表示されます。フォルダ名をタップして任意の名前を入力し、[確定] をタップすると、フォルダ名を変更できます。

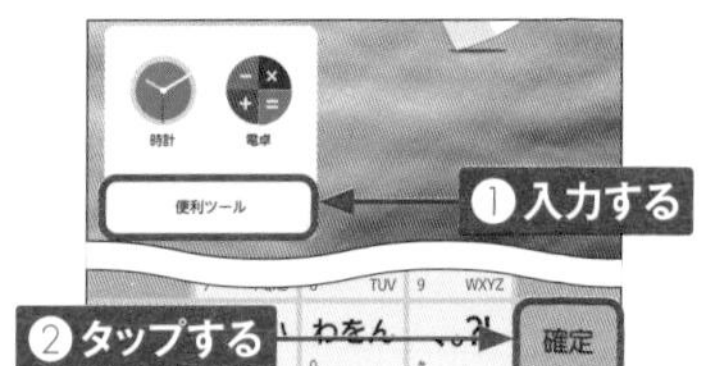

MEMO ドックのアイコンの入れ替え

ホーム画面下部にあるドックのアイコンは、入れ替えることができます。アイコンを長押しし、任意の場所にドラッグして、かわりに配置したいアプリのアイコンを移動します。

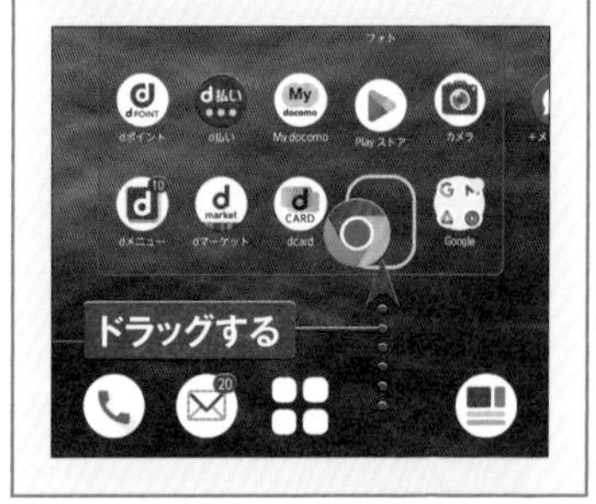

ホームアプリを変更する

1 P.20手順①を参考にアプリ一覧画面を表示し、[設定] をタップします。

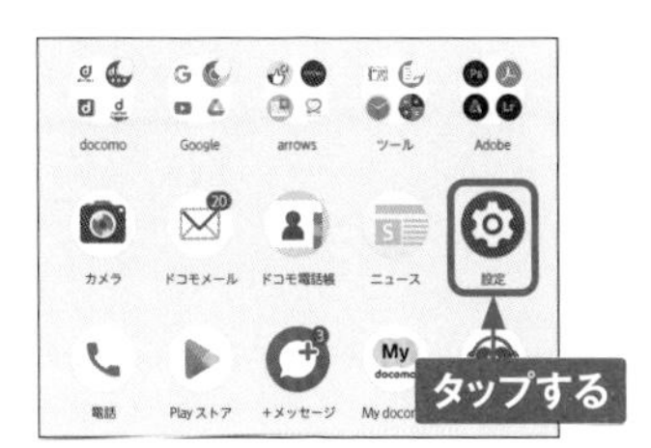

2 [アプリ] をタップします。

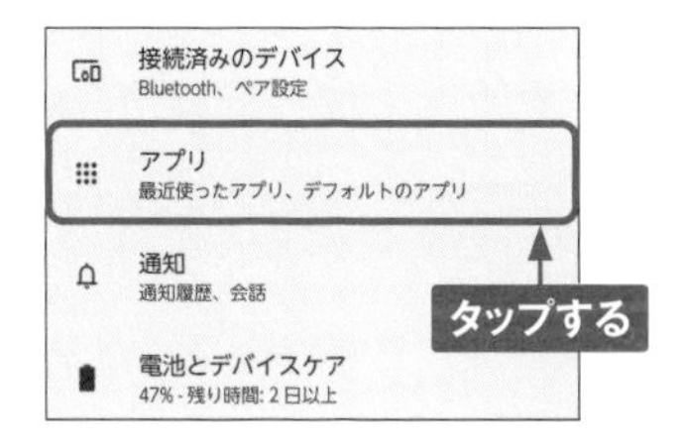

3 [デフォルトのアプリ] の順にタップします。

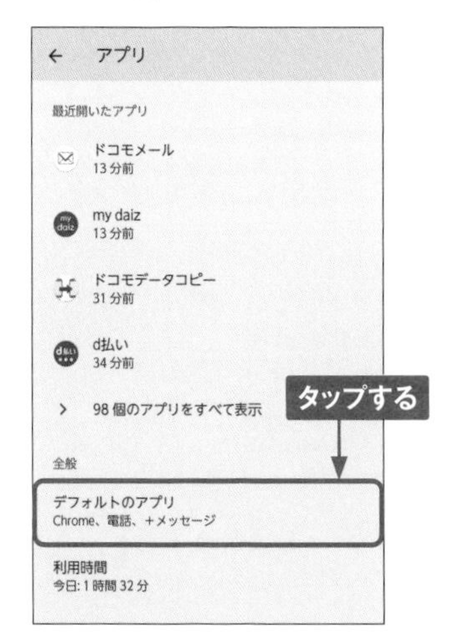

4 [ホームアプリ] をタップします。

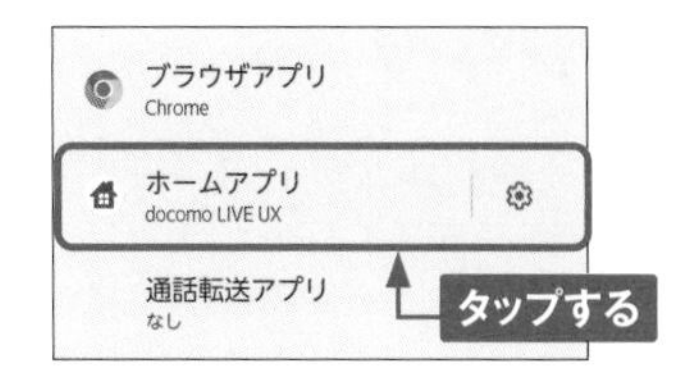

5 好みのスタイルをタップします。ここでは [シンプルホーム] をタップします。

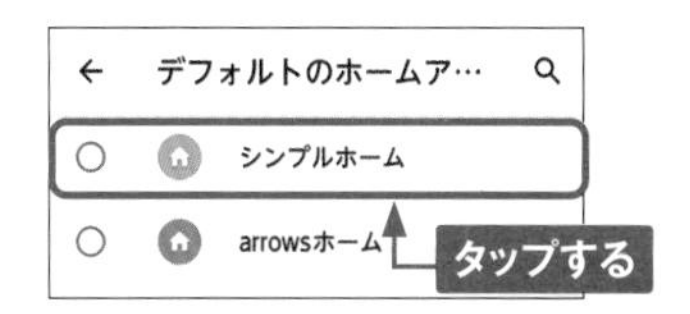

6 ホームアプリが「シンプルホーム」に変更されます。なお、標準のホームアプリに戻すには、手順⑤の画面で [docomo LIVE UX] をタップします。

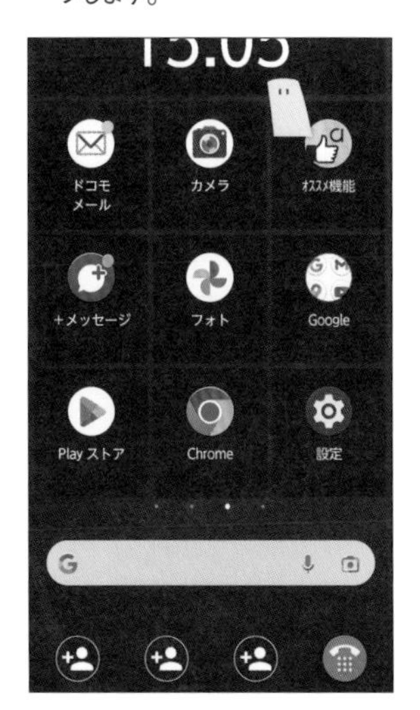

7

Section 50

シンプルモードを利用する

F-51Cでは、画面表示を見やすくシンプルにした「シンプルモード」を設定して利用できます。本書では詳しく解説しませんが、画面が見にくかったり操作が難しい場合は試してみてもよいでしょう。

シンプルモードを設定する

1 ホーム画面を左に2回フリックし、[オススメ機能]をタップします。なお、ホームアプリに「シンプルホーム」を設定しても（P.151参照）同じ表示になります。

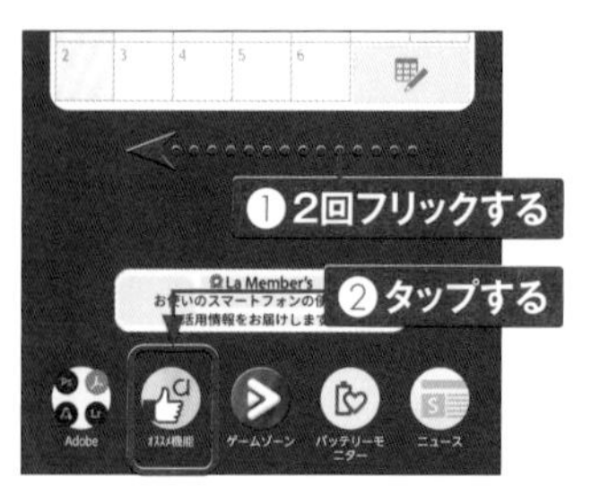

2 画面をスクロールして、「シンプルモード設定」の［設定する］をタップします。

3 アクセス許可の画面が出た場合は、画面に従って進めます。画面が切り替わるまで少し待ちます。

4 画面がシンプルモードに変わります。もとに戻したい場合は、［シンプルモード設定］をタップして［解除する］をタップします。

シンプルモードの操作

1 シンプルモードでも、基本的な操作はこれまでとほぼ変わりません。左右に画面をフリックすると、ホーム画面を移動できます。

2 アイコンをタップすると、アプリを起動できます。ここでは［設定］をタップします。

3 アプリが起動します。アプリの画面も文字サイズなどが見やすく調整されています。

4 電話をかける場合は、をタップします。注意説明などの画面が出た場合は、画面に従って進めます。

5 アプリが起動します。通常時よりもシンプルな画面でわかりやすく操作できます（もとと同じアプリを利用したい場合はMEMO参照）。

アプリの表示と利用

シンプルモードではアプリ一覧画面が表示されません。ホーム画面に追加したいアプリがある場合は、ホーム画面を左にフリックして［追加する］をタップして操作してください。

7

Section 51

ロック画面に通知を表示しないようにする

ロック画面に通知を表示させたくない場合は、［ロック画面上の通知］をタップして設定を変更します。また、アプリごとに通知方法を細かく設定することも可能です（Sec.52参照）。

ロック画面に通知を表示しないようにする

1 P.20を参考に「設定」アプリを起動し、［通知］の順にタップします。

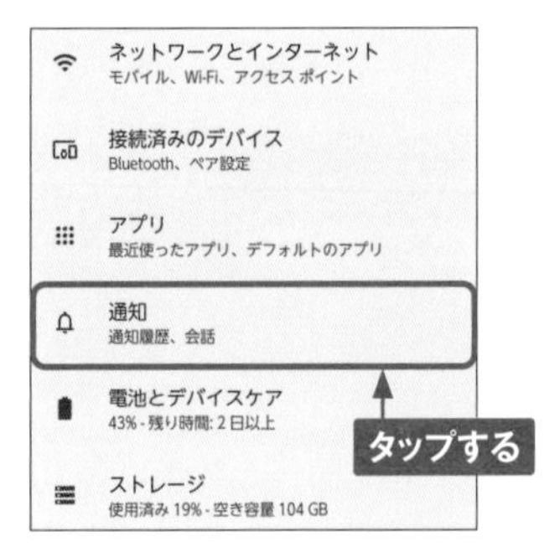

2 ［ロック画面上の通知］をタップします。

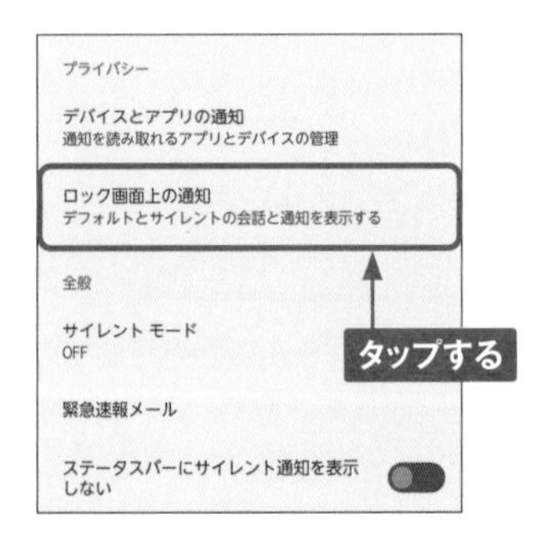

3 ［通知を表示しない］をタップします。

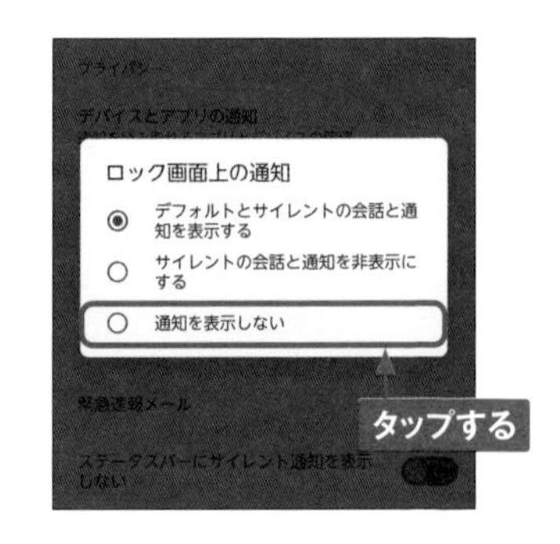

4 「通知を表示しない」と表示されると、ロック画面に通知が表示されなくなります。

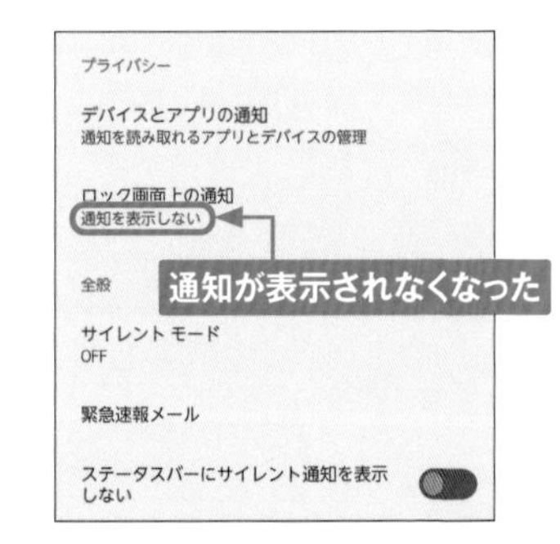

7

Section 52

不要な通知を表示しないようにする

Application

通知はホーム画面やロック画面に表示されますが、アプリごとに通知のオン／オフを設定することができます。また、通知パネルから通知を選択して、通知をオフにすることもできます。

アプリからの通知をオフにする

1 アプリ一覧画面で［設定］をタップし、［プライバシー］→［権限マネージャ］の順にタップします。

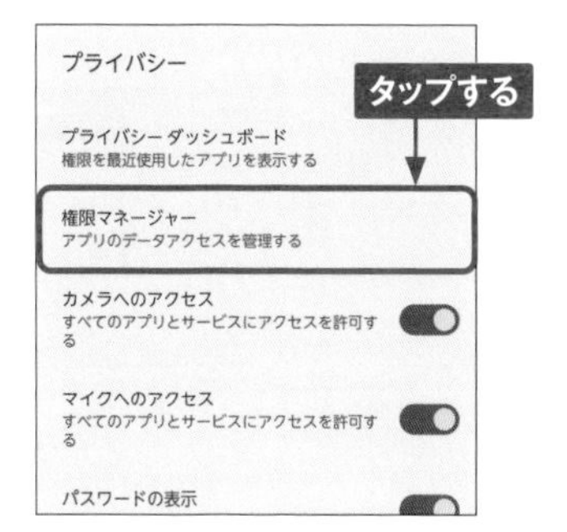

2 アプリのジャンルが表示されます。通知をオフにしたいジャンル（ここでは［SMS］）をタップします。

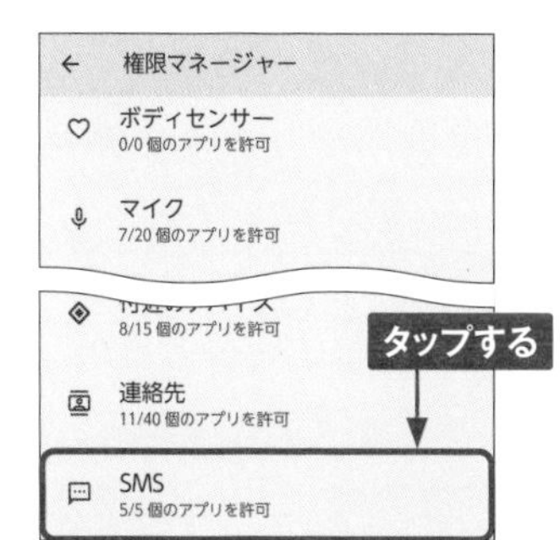

3 通知をオフにしたいアプリ（ここでは［+メッセージ］）をタップして、［許可しない］をタップします。

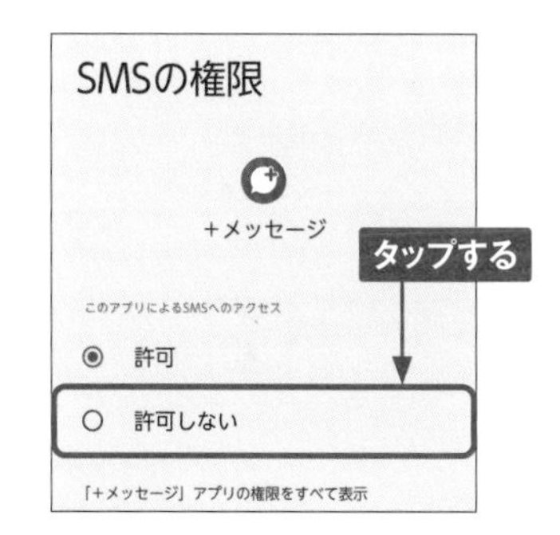

4 「+メッセージ」アプリからの通知がオフになります。なお、アプリによっては、通知がオフにできないものもあります。

7

Section 53

画面ロックに暗証番号を設定する

Application

F-51Cは、「暗証番号」を使用して画面にロックをかけることができます。なお、ロック時の通知設定をあとから変更する場合は、P.157MEMOの画面で設定します。

画面ロックに暗証番号を設定する

1 アプリ一覧画面で［設定］をタップし、［セキュリティ］→［セキュリティ解除方法］の順にタップします。

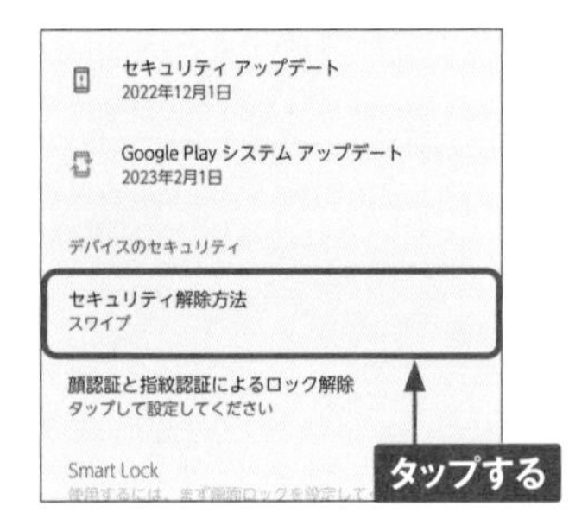

2 ［暗証番号］をタップします。

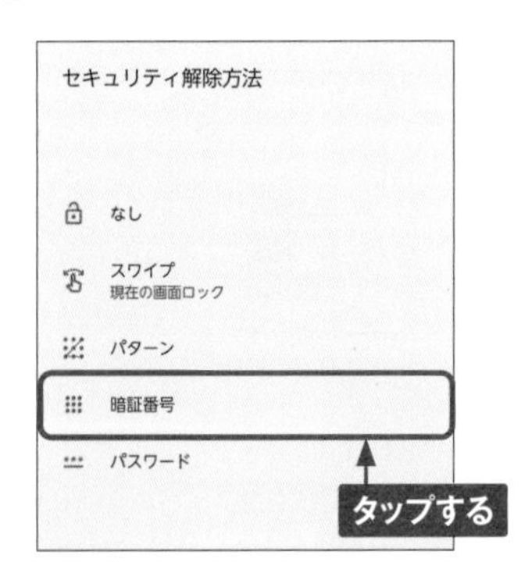

3 4桁以上の数字を入力し、［次へ］をタップして、次の画面でも再度同じ数字を入力し、［確認］をタップします。

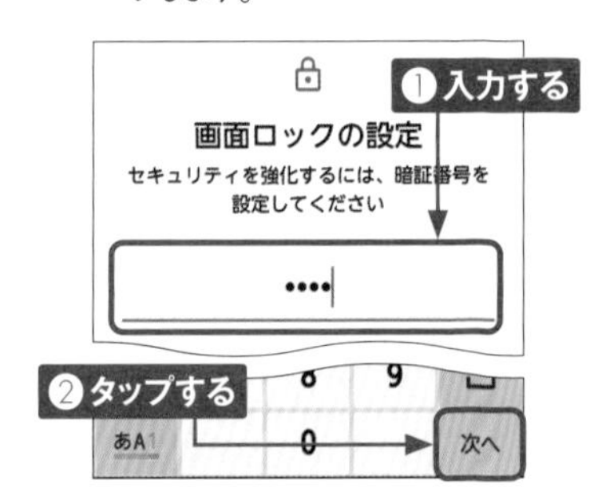

4 ロック時の通知についての設定画面が表示されます。表示する内容をタップしてオンにし、［完了］をタップすると、設定完了です。

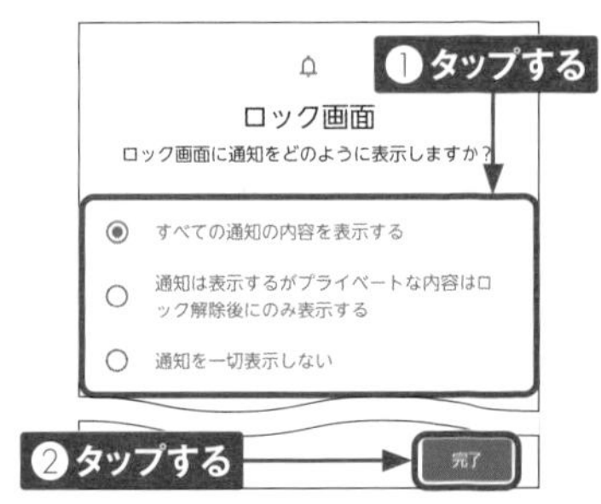

暗証番号で画面のロックを解除する

1 スリープモード（Sec.02参照）の状態で、電源キーを押します。

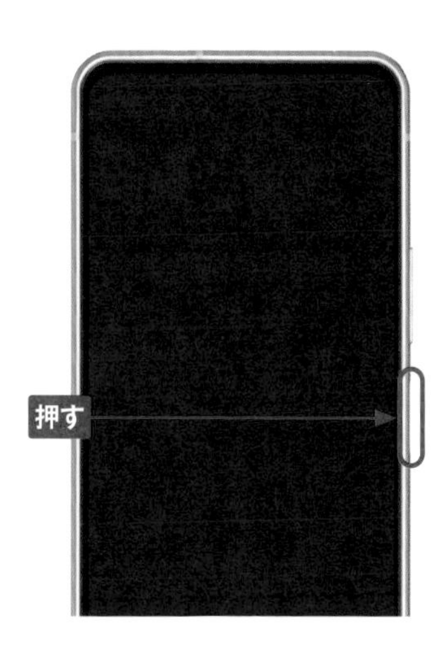

2 ロック画面が表示されます。上にスワイプします。

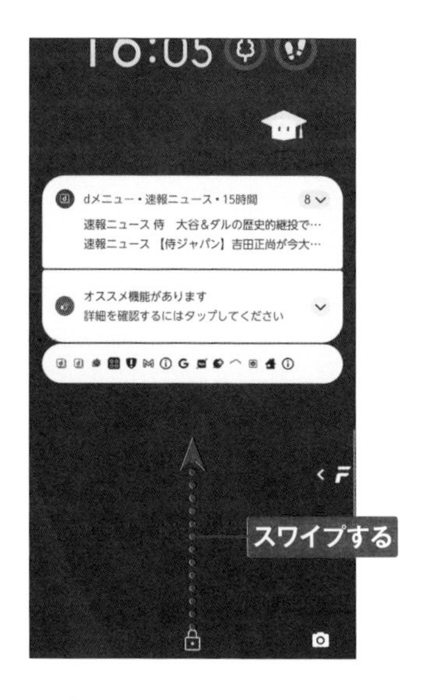

3 P.156手順③で設定した暗証番号を入力して、■をタップすると、画面のロックが解除されます。

MEMO 暗証番号の変更

設定した暗証番号を変更するには、P.156手順①で［セキュリティ解除方法］をタップし、現在の暗証番号を入力して［次へ］をタップします。表示される画面で［暗証番号］をタップすると、暗証番号を再設定できます。初期状態に戻すには、［スワイプ］→［削除］の順にタップします。

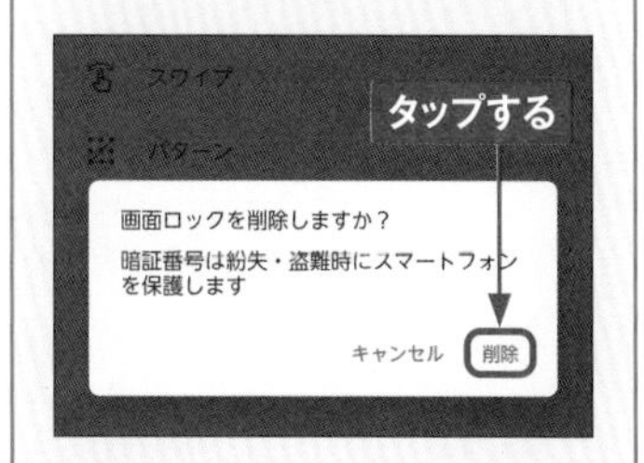

Section 54

顔認証で画面ロックを解除する

F-51Cでは顔認証を利用してロックの解除などを行うこともできます。ロック画面を見るとすぐに解除するか、時計や通知を見てから解除するかを選択できます。

顔データを登録する

1 設定メニューを開いて、[セキュリティ]→[顔認証と指紋認証によるロック解除]→[顔認証]の順にタッチします。暗証番号など、予備の解除方法を設定していない場合は、P.156を参考に設定します。

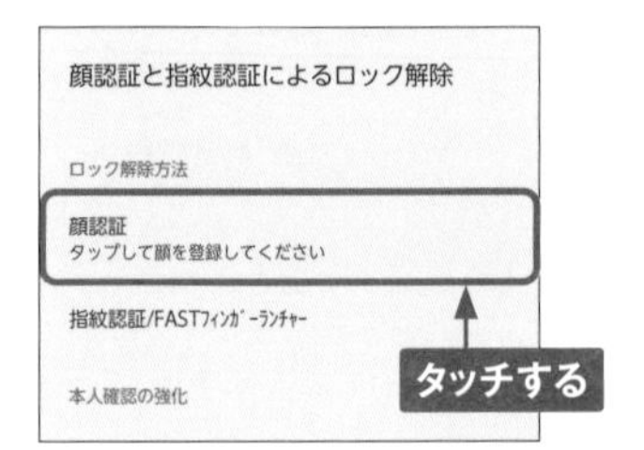

2 「顔認証によるロック解除」画面が表示されます。[開始]をタップします。

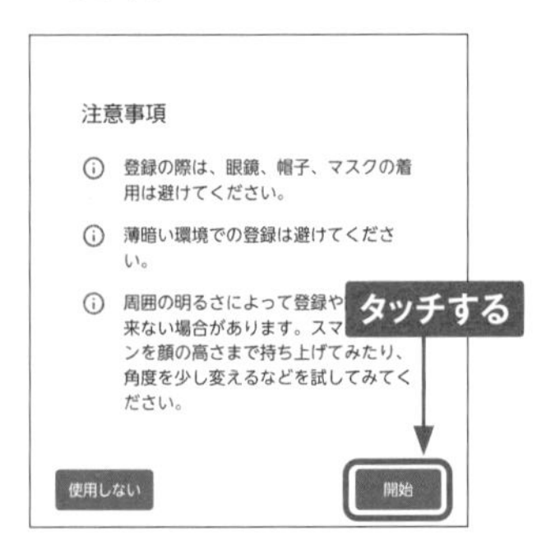

3 F-51Cに顔をかざすと、自動的に認識されます。

4 [完了]をタップします。

顔認証の設定を変更する

1 P.158手順①の画面を表示し、[顔認証] をタッチします。ロック解除の操作を行います。

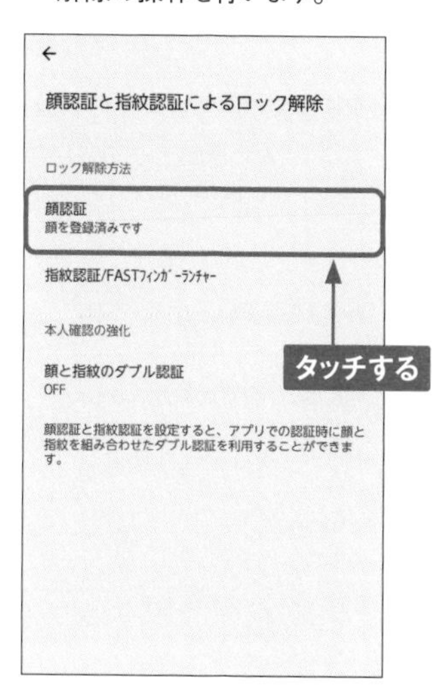

2 「顔認証」画面が表示され、ロックの解除タイミングの設定や顔データの削除を行えます。

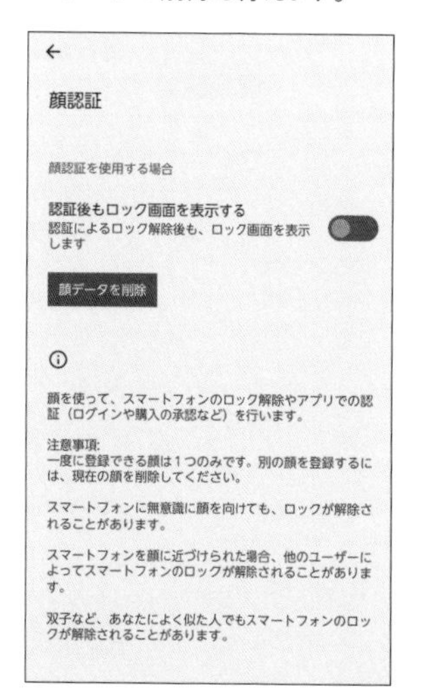

3 ここでは［認証後もロック画面を表示する］をタッチします。

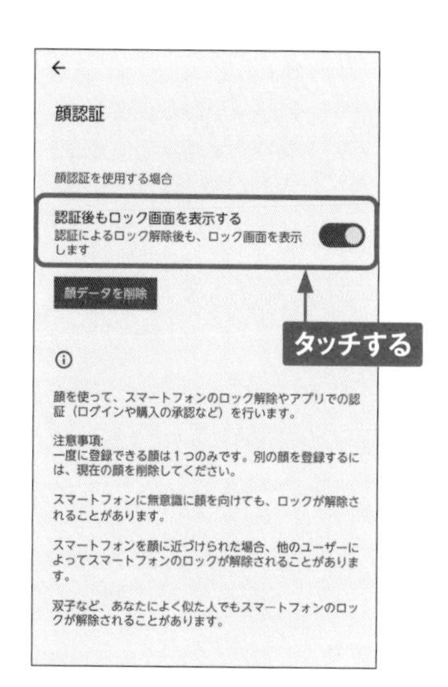

MEMO 顔データの削除

顔データは1つしか登録できないので、顔データを更新したい場合は、前のデータを先に削除する必要があります。手順②の画面で［顔データを削除］→［はい］の順にタッチすることで、顔データが削除されます。

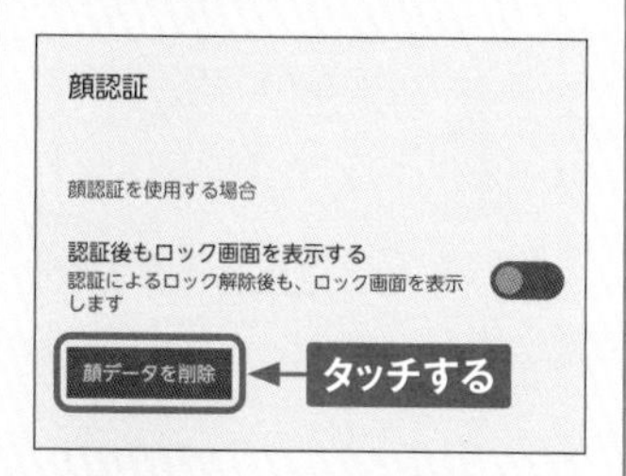

7

Section 55

フィンガーランチャーを使用する

F-51Cでは「フィンガーランチャー」機能が利用できます。指紋を利用して、スリープ時でもすぐにアプリを起動できるものです。電子マネーの支払いやカメラを登録して、より使いこなしましょう。

フィンガーランチャーからアプリを起動する

1 設定アプリを起動し、[arrowsオススメ機能]をタップします。

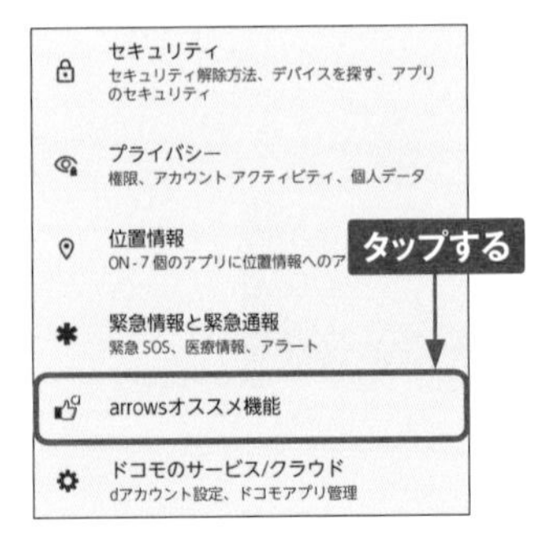

2 「FASTフィンガーランチャー」の[設定する]をタップします。

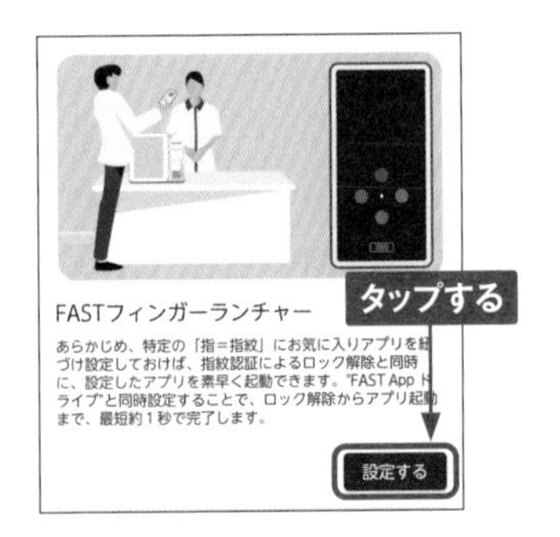

3 機能の説明が表示されます。左右にスワイプして確認し、[使ってみる]をタップします。

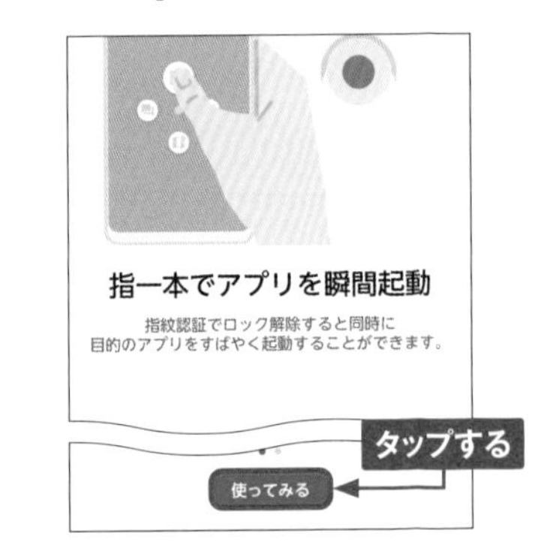

4 画面ロック(P.156参照)を設定していない場合は、設定用の画面が表示されます。ここでは[指紋+パターン]をタップしています。

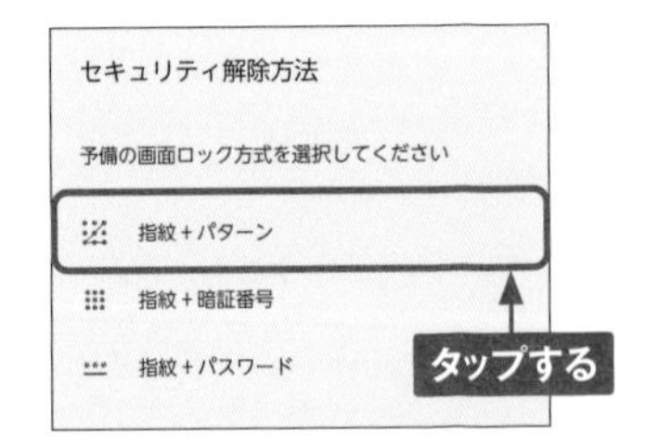

5 画面の指示に従って設定を行います。画面はパターン設定用の物ですが、他の方法を選択した場合はこの画面と異なります。

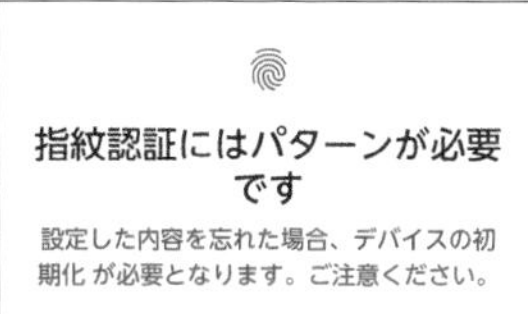

6 ロック時の通知表示について設定し、［完了］をタップします。これでフィンガーランチャーが利用可能になります。

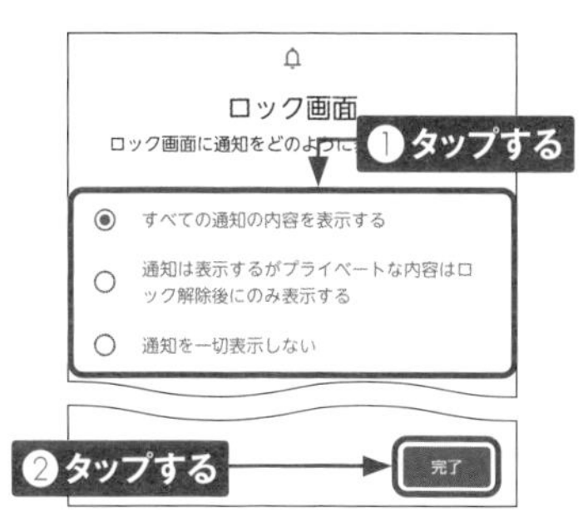

7 フィンガーランチャーに登録したい指の⊕をタップします。

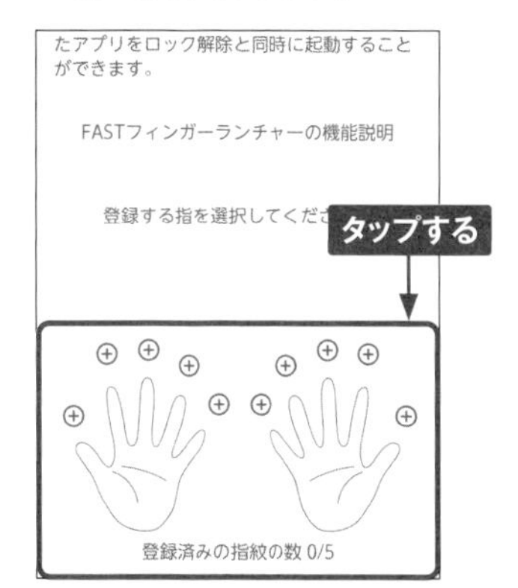

8 選択した指が反応していることを確認し、［同意する］をタップします。

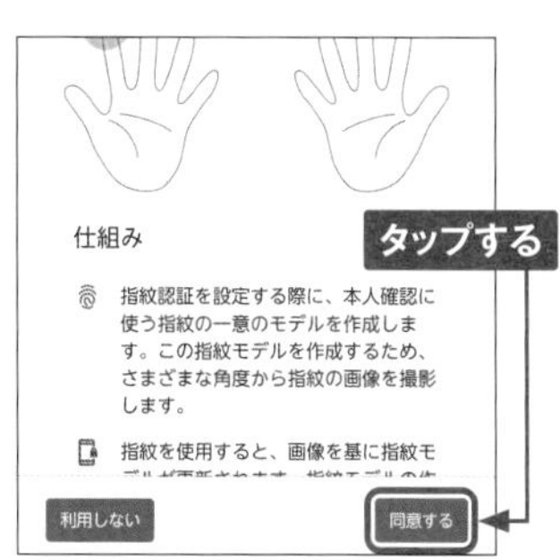

9 本体側面のセンサーに指の腹で触れます。

10 指紋の登録には数回触れる必要があります。画面の指示に従って何度かセンサーに触れます。

7

11 登録が完了したら［完了］をタップします。

12 フィンガーランチャー使用時に起動するアプリを登録できます。⊕をタップします。

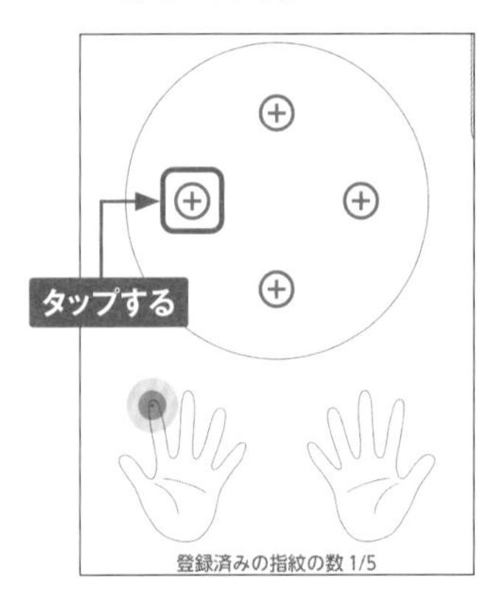

13 登録したいアプリをタップします。

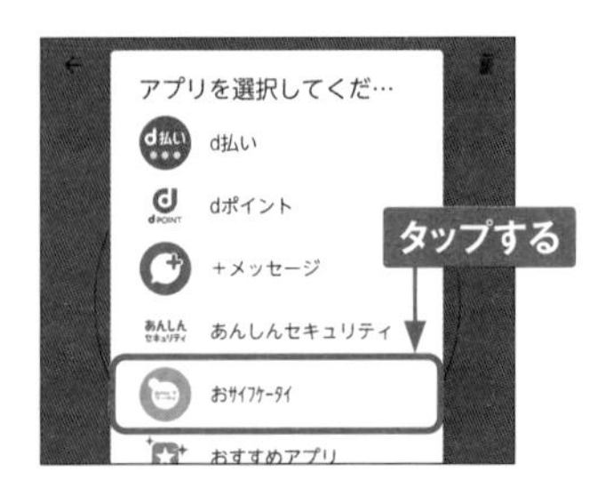

14 アプリが登録されます。必要であれば別途アプリを登録します。

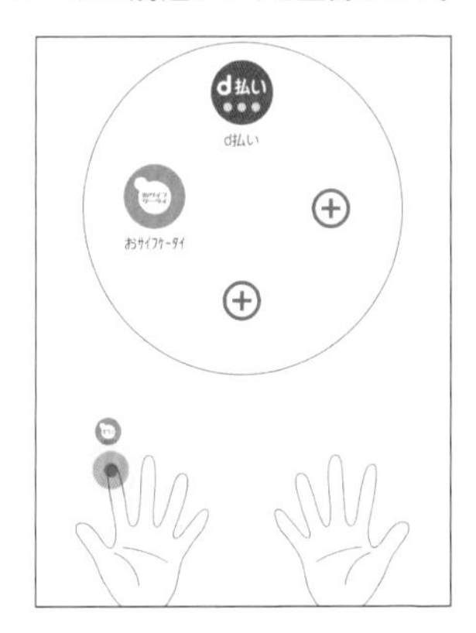

15 既に登録したアプリをタップすると、削除や上書きができます。

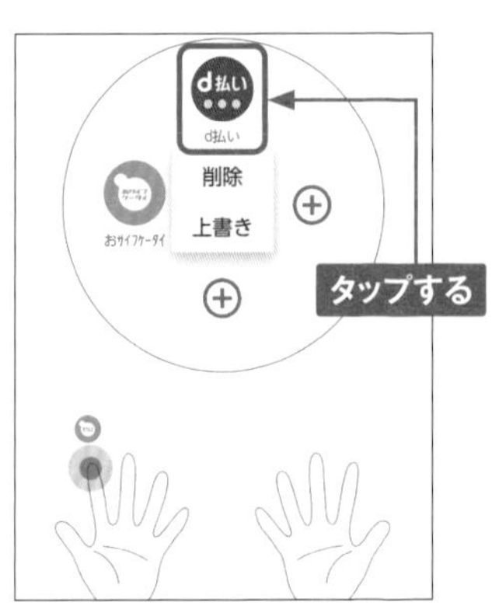

MEMO ダイレクトモード

P.163手順⑯の画面で［ランチャーモード］をタップすると、利用するアプリを1つに指定する「ダイレクトモード」が設定できます。必要に応じて使い分けましょう。

16 登録が完了したら、[完了] をタップします。

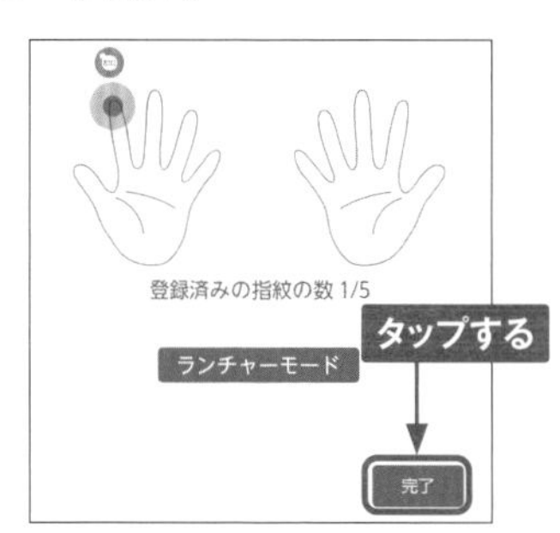

17 P.163手順⑦の画面に戻ります。指定したアプリが登録されていることがわかります。また、指紋は5つまで登録可能です。これで設定は完了です。

18 F-51Cがスリープモードの際、登録した指で側面の指紋センサーに触れます。

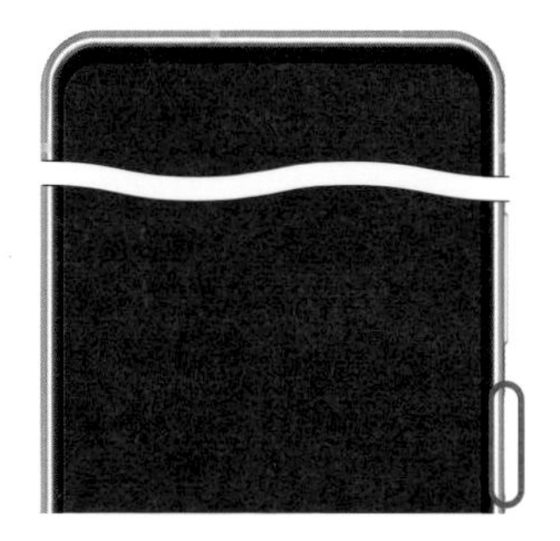

19 フィンガーランチャーに登録したアプリが表示されます。そのまま指を離すと、スリープ前の画面がそのまま表示されます。

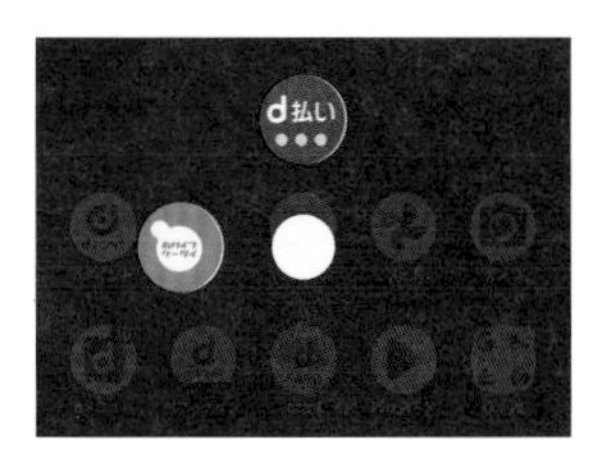

20 アプリを指定して起動する場合は、その方向にフリックします。アイコンが少し大きくなったら指を離します。

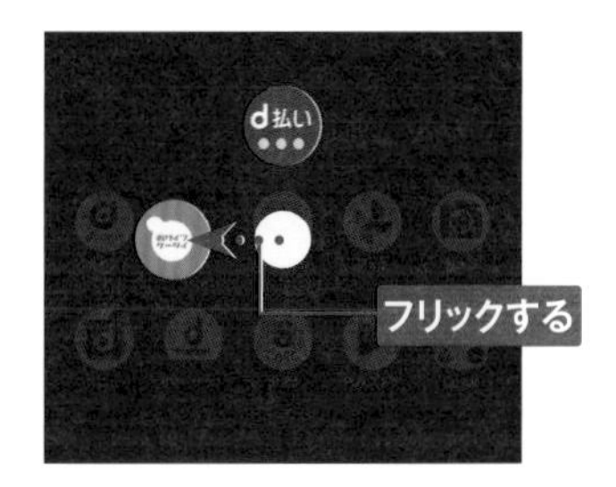

21 登録したアプリが起動します。

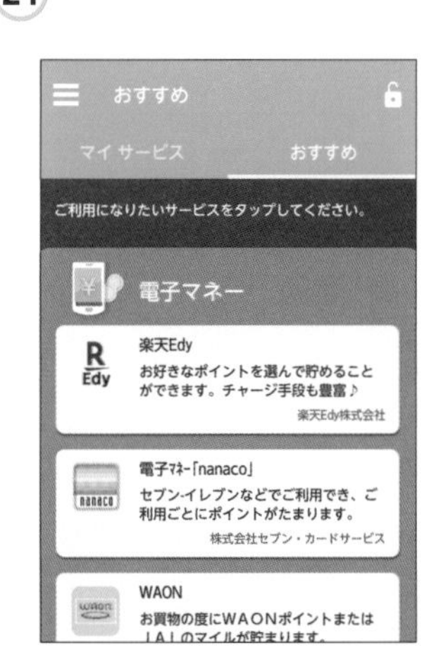

Section 56

エシカル生活を満喫する

日常のエコ行動を記録してゲーム感覚でエコな行動を続けられる「カボニューレコード」や、みんなでオフピーク時間の充電に取り組める「arrowsポータル」で環境に配慮した生活を送れます。

エコな行動を記録する

1 ホーム画面を左に1回フリックして［カボニューレコード］をタップします。アップデートがある場合は［更新］をタップします。

2 規約に同意後、［ログインして無料ではじめる］をタップします。

3 ログインにはSec.11で登録したdアカウントを入力後［次へ］をタップします。

4 dアカウントに紐づいたサービスの利用状況に応じて、CO2の削減記録が自動で記憶され、削除状況を可視化できます。

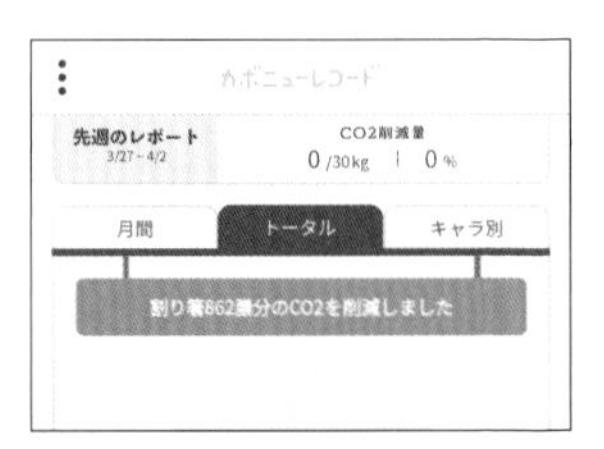

MEMO **自分で記録**

「カボニューレコード」の記録は手順③で示したdアカウントに紐づいたサービスの利用状況から自動で記録されるほか、週に1回どのくらいエコな行動をしたかを自分で記録することもできます。

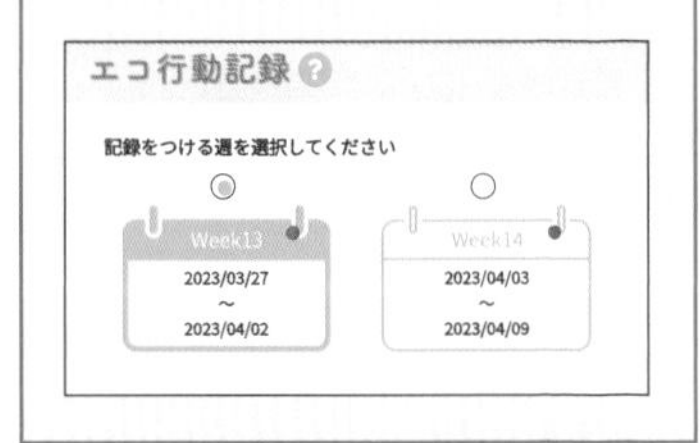

みんなでオフピーク時間の充電に取り組む

1 アプリ一覧画面から［arrows］→［arrowsポータル］をタップします。

2 右上の⋮より［新規登録・ログイン］をタップし、［電話番号で登録・ログイン］をタップします。

3 これまでのオフピーク時間に充電した電力を確認できます。目標を達成するとLa Pointを獲得できます。

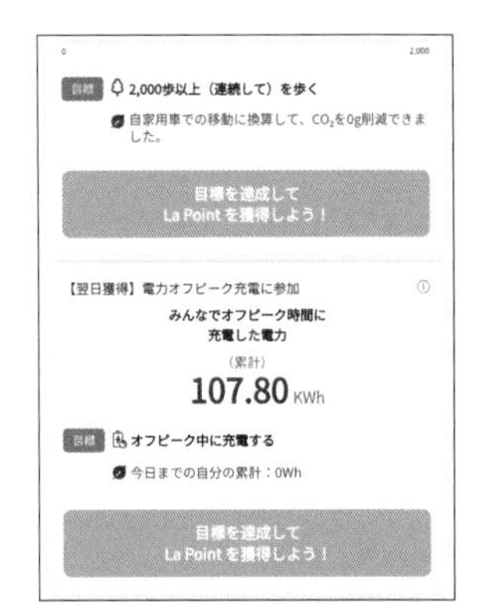

MEMO La Pointとは

「La Point」はLa Member's（ラ・メンバーズ）や、らくらくコミュニティ、らくらくまめ得など、FCNTが提供するサービスで共通して使えるポイントサービスです。貯めたポイントは、商品や外部ポイントとの交換ができます。

Section 57

おサイフケータイを設定する

F-51Cは「おサイフケータイ」機能を搭載しており、2023年3月現在、多くの電子マネーサービスに対応しています。ここでは、nanacoを例に解説しています。

おサイフケータイの初期設定を行う

1 P.20を参考に［ツール］→［おサイフケータイ］をタップします。

2 初回起動時はアプリの案内が表示されます。［次へ］をタップし、許諾の同意部分をタップして［次へ］→［次へ］をタップします。

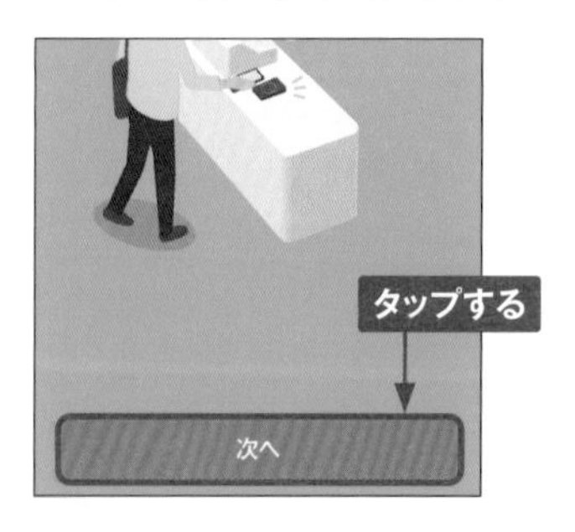

3 Googleアカウントとの連携画面が表示された場合は、［次へ］をタップして必要に応じて設定します。

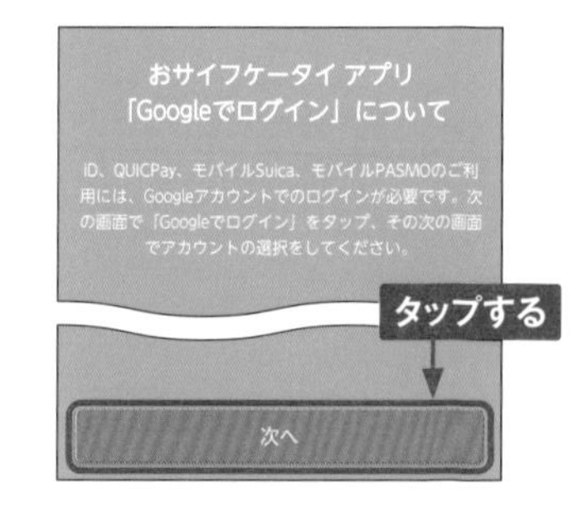

4 機能のオン、オフを選択し、［次へ］をタップします。次の画面でも同様の操作を行います。

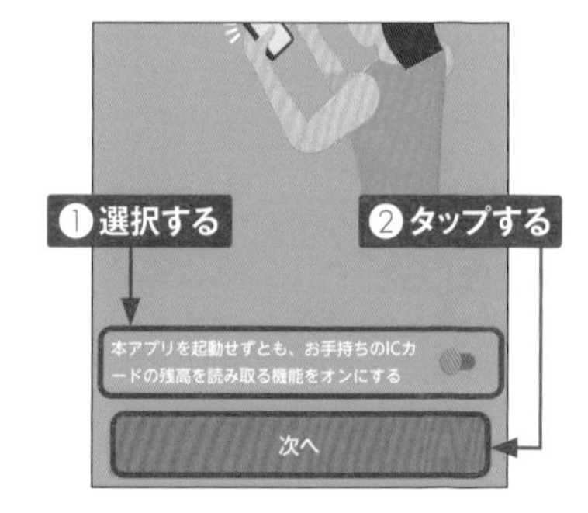

5 サービスの一覧が表示されます。ここでは［おすすめ］をタップし、［電子マネー「nanaco」］をタップします。

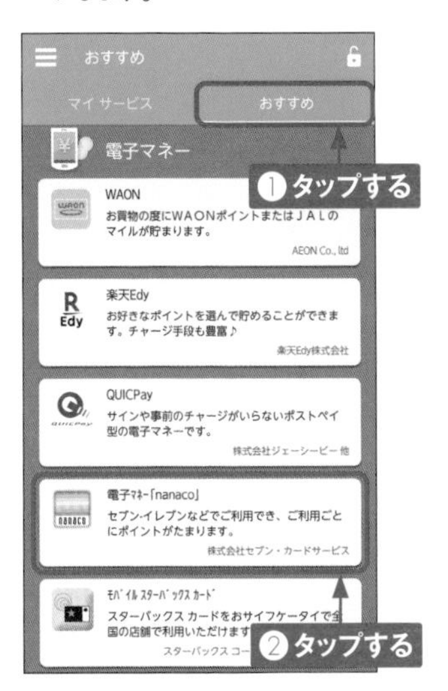

6 「おすすめ詳細」画面が表示されるので、［アプリケーションをダウンロード］をタップします。

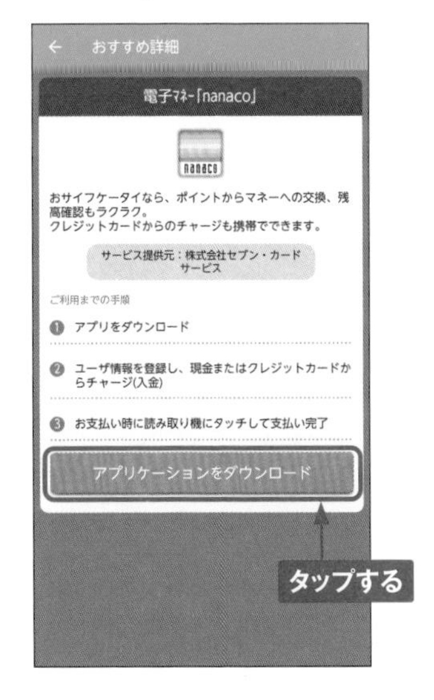

7 Playストアが開きます。［インストール］をタップします。

8 インストールが完了したら［開く］をタップします。

9 nanacoモバイルの初期設定画面が表示されます。［新規入会］もしくは、［機種変更手続き］をタップし、画面の指示に従って初期設定を行います。

Application

QRコードを読み取る

「カメラ」アプリには、QRコードを読み取って、Webサイトなどにアクセスする機能が搭載されています。アプリのインストール時などにも役立ちます。

「カメラ」アプリの設定確認を行う

1 ホーム画面で、をタップします。

2 「カメラ」アプリが起動したら、をタップします。

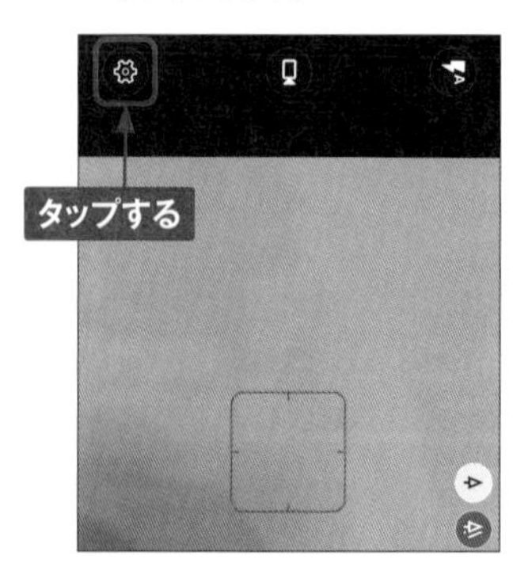

3 「設定」画面が表示されたら、[QRコード読み取り]を確認します。●になっていなかったら、タップします。

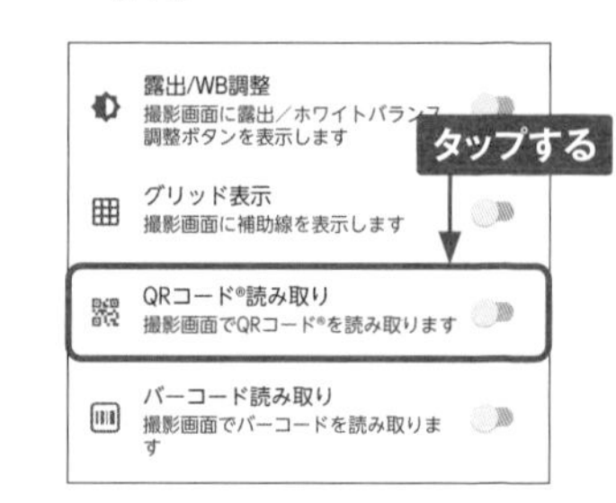

4 ●になってスキャンできるようになりました。

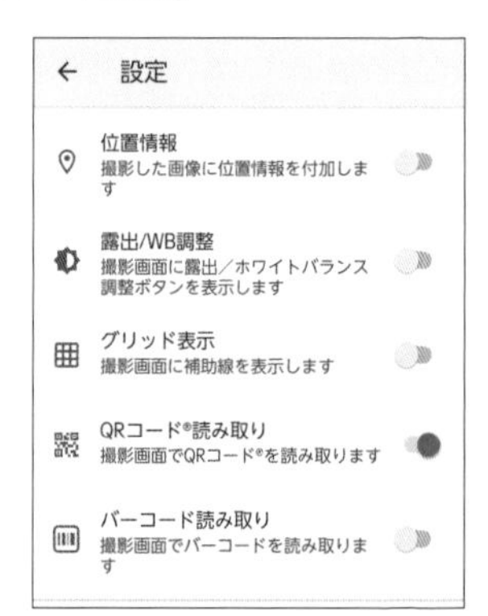

QRコードを読み取る

1 ホーム画面で、◎をタップして「カメラ」アプリを起動します。

2 カメラのレンズをQRコードに向けると、自動で読み取られます。［詳細］をタップします。

3 「読み取り結果」画面になり、QRコードの情報を見ることができます。この表示されているURLをタップします。

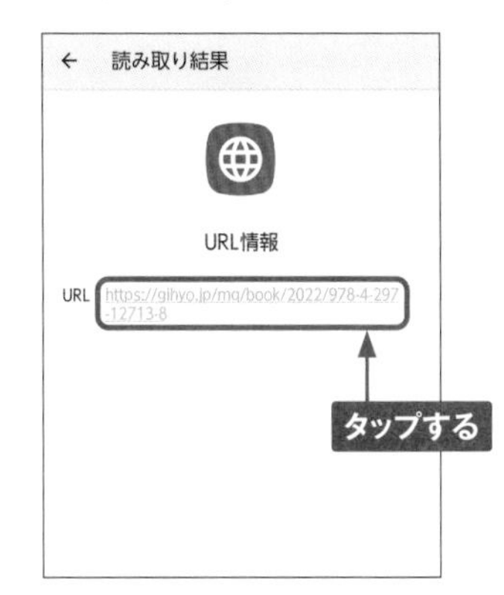

4 対応するアプリ（ここでは「Chrome」アプリ）が起動します。

Section 59

壁紙を変更する

ホーム画面に設定されている壁紙は、自由に変更することができます。また、撮影した写真や端末に保存した画像などを使って、壁紙を設定することもできます。

壁紙を変更する

1 アプリ一覧画面で［設定］をタップし、［壁紙］をタップします。

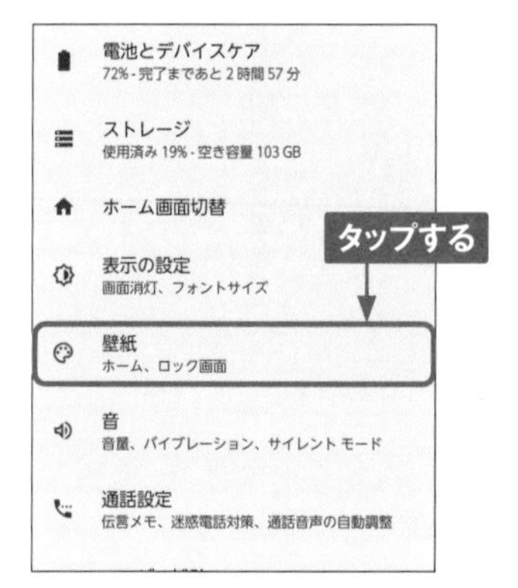

2 「壁紙タイプの選択」画面で［フォト］を選択します。

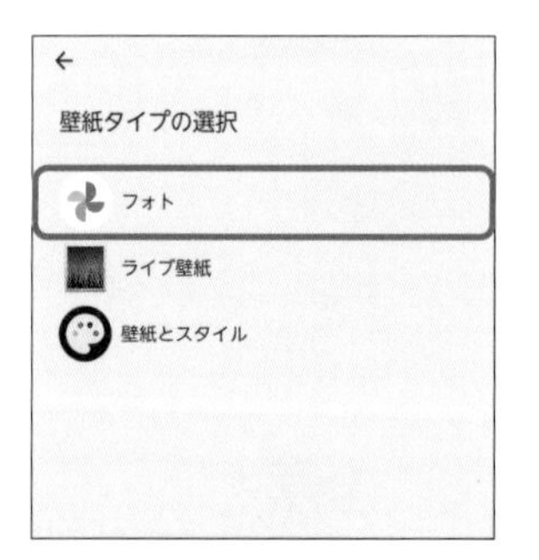

3 「写真を選択」画面では、ここでは［カメラ］をタップします。

4 壁紙にする写真を選んでタッチします。許可に関する画面が表示されたら、［次へ］→［許可］の順にタップします。

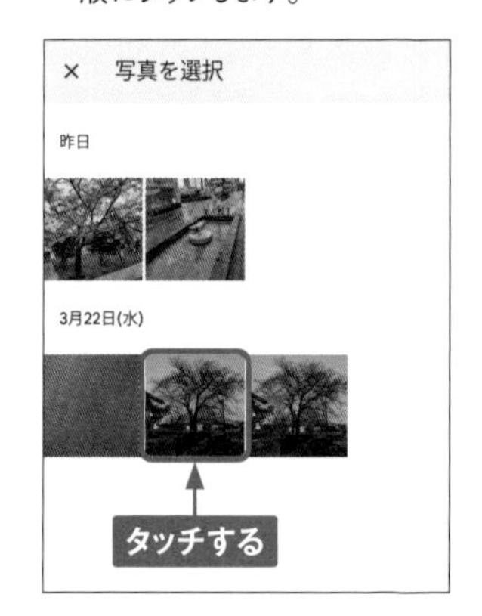

7

5 表示された写真上を左右にドラッグして位置を調整し、[壁紙を設定] をタップします。

6 ホーム画面とロック画面に壁紙が設定されます。

7 元の壁紙に変更したい場合は、P.170手順②の画面で [壁紙とスタイル] をタップします。

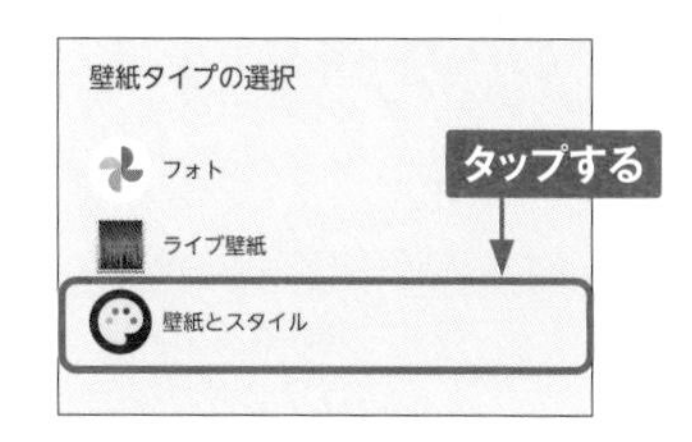

8 [壁紙の変更] をタップし、[デバイスに保存されている壁紙] をタップします。

9 「プレビュー」 画面で確認し、右下のチェックアイコンをタップし、[ホーム画面とロック画面] をタップします。

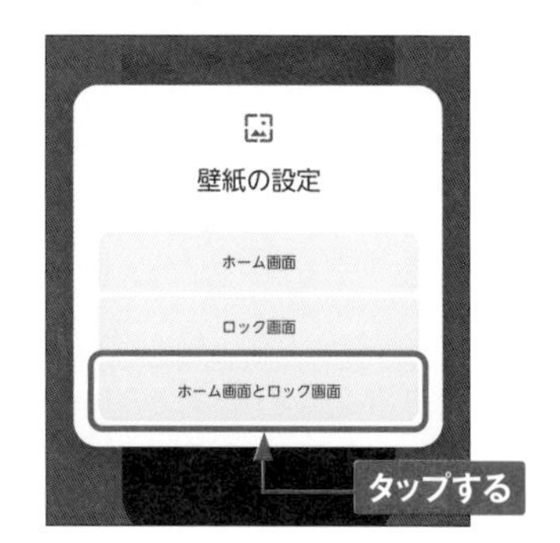

Section 60

画面の設定を変更する

Application

画面の自動回転や消灯までの時間、明るさの手動調節など、画面に関する設定は使い方に合わせて変更できます。また、ダークテーマやブルーライトカットモードも自由に設定できます。

画面の自動回転を設定する

1 P.20手順①を参考にアプリ一覧画面から「設定」をタップします。

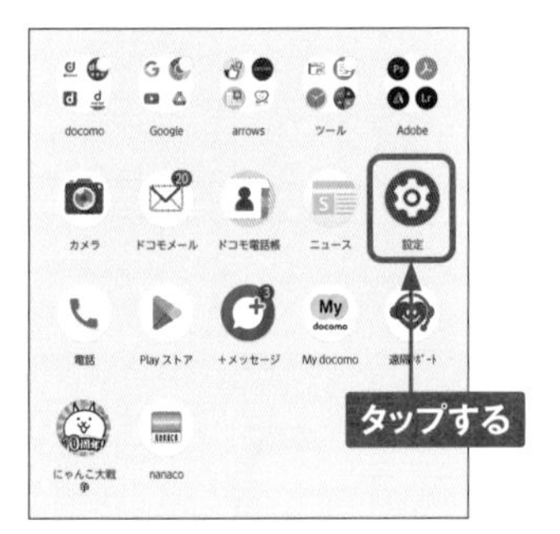

2 [表示の設定] をタップします。

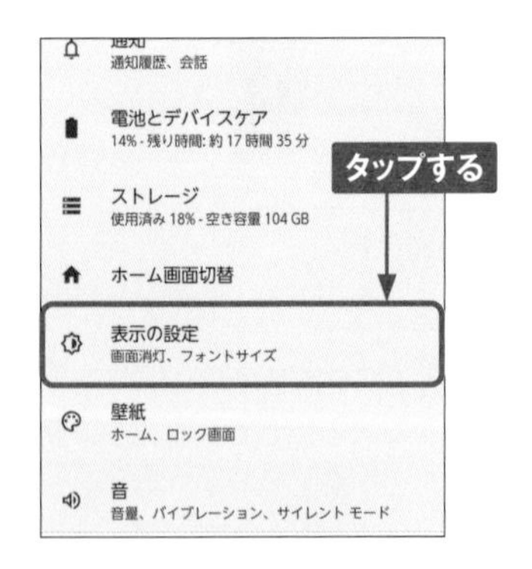

3 [画面の自動回転] をタップしてオンにすると、端末を横向きにした際に自動で画面が向きに合わせて回転します（対応していないアプリもあります）。

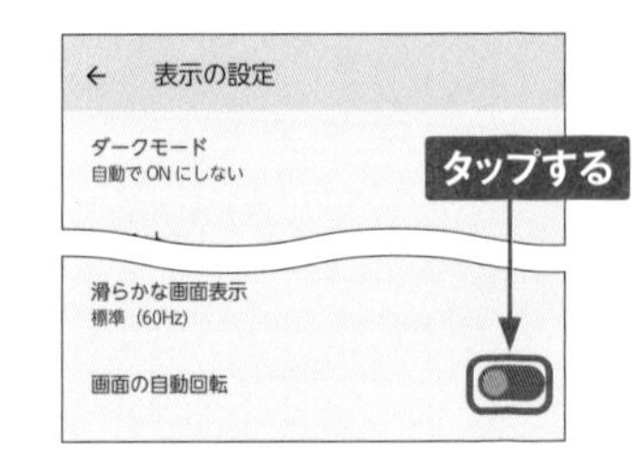

4 パネルスイッチの [自動回転] をタップすることでも、同様に設定できます。

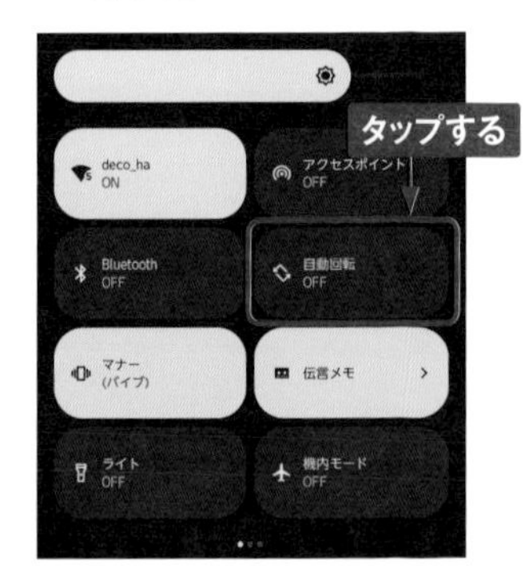

画面の明るさを調節する

1 P.172手順②の画面で［明るさの自動調節］をタップします。

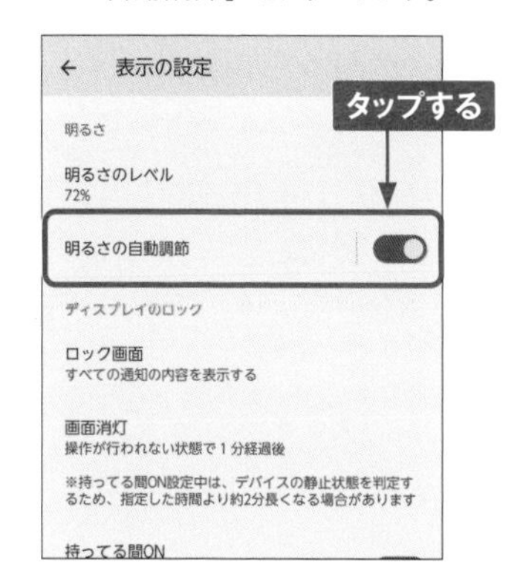

2 ［明るさの自動調節を利用］をタップしてオフにし、前の画面に戻ります。

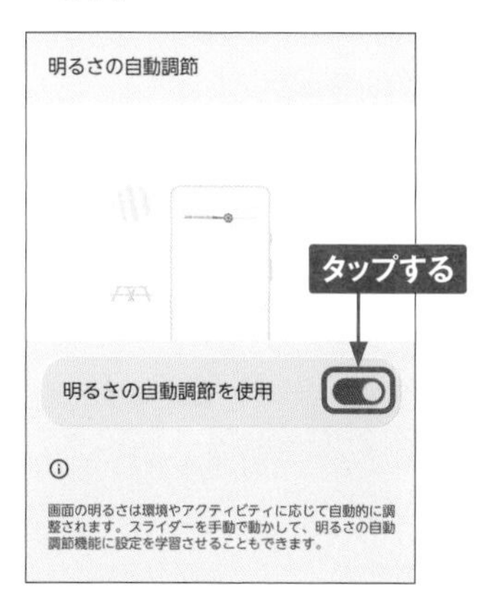

3 ［明るさのレベル］をタップすると表示されるバーを左右にドラッグすると、画面の明るさを手動で調整できます。

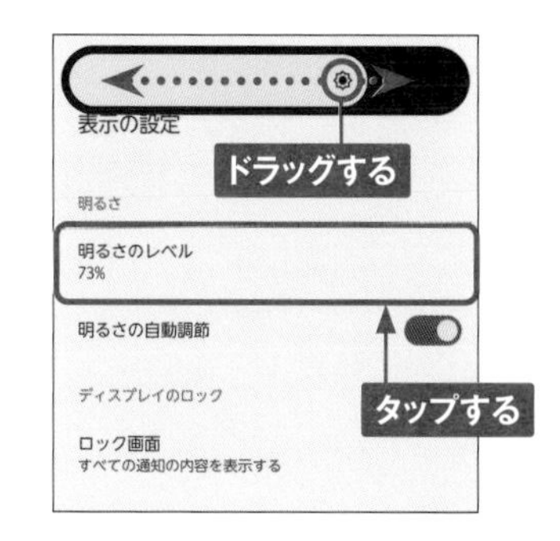

4 パネルスイッチでも同様の操作が可能です。パネル上部のバーをドラッグして調節します。［明るさの自動調節］をオンにすると、自動調節に戻ります。

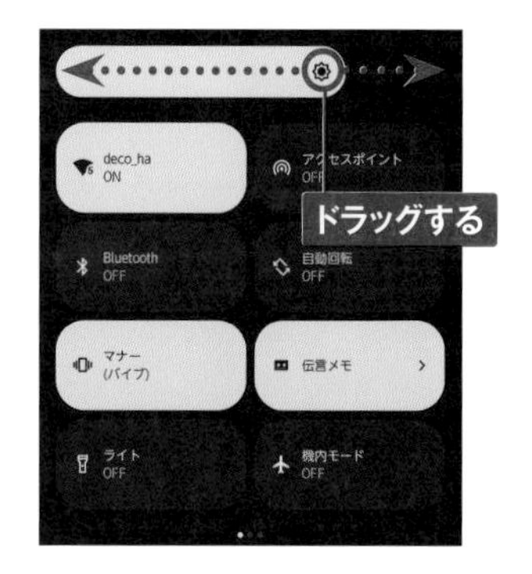

画面に関する機能

通知パネルの［ライト］をタップすると、背面のライトが光り懐中電灯のように扱えます。また、［拡大鏡］をタップするとカメラのレンズを利用して虫眼鏡のように文字などを拡大して確認できます。

ダークモードを設定する

1 「設定」アプリから［表示の設定］をタップします。

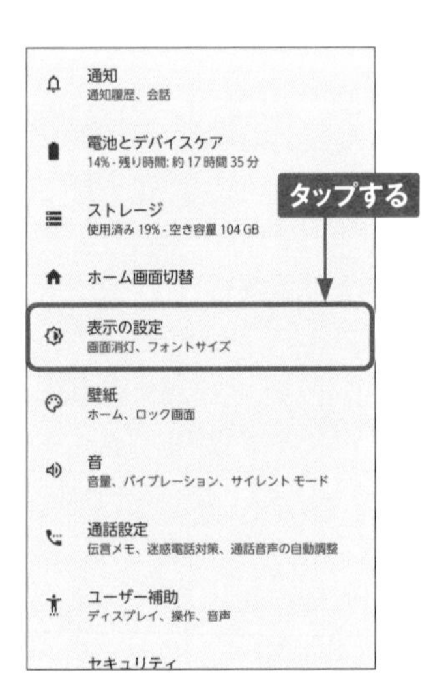

2 ［ダークモード］をタップしてオンにします。

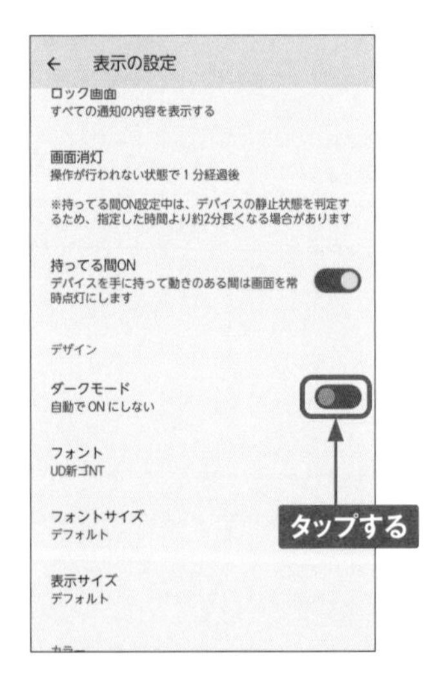

3 ダークモードが有効になり、アプリやナビゲーションキーの配色が変化します。動作や操作方法などは変わらず利用できます。

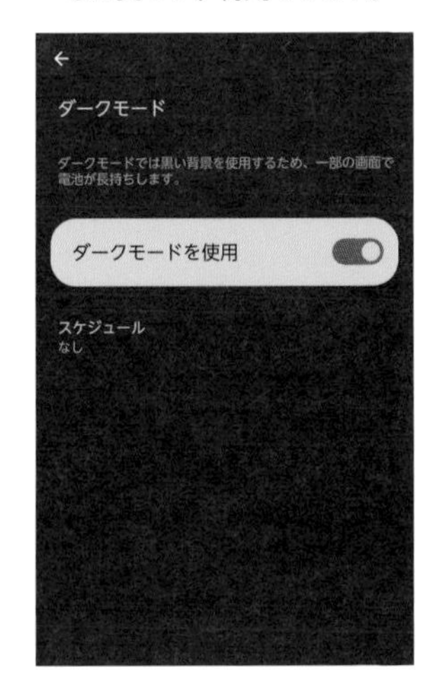

4 一部のウィジェットなどもダークモードに合わせて変化します。なお、ダークモードの設定はパネルスイッチからも行えます。

そのほかの画面設定

●ブルーライトカットモードにする

1 P.172手順②の画面で［ブルーライトカットモード］をタップします。

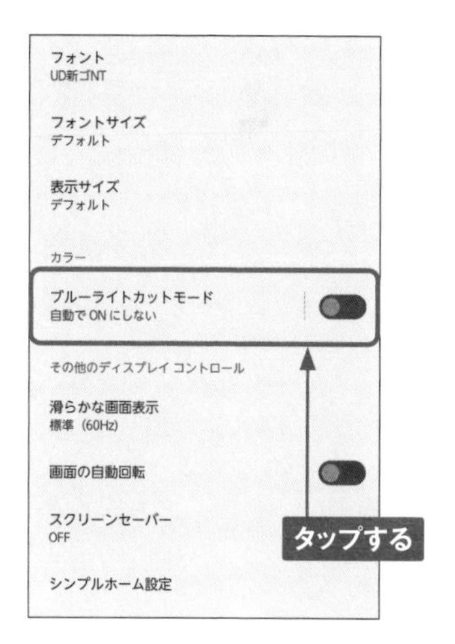

2 ［ブルーライトカットモード使用］をタップすると、ブルーライトカットモードになります。パネルスイッチの［ブルーライトカット］をタップしても切り替えられます。

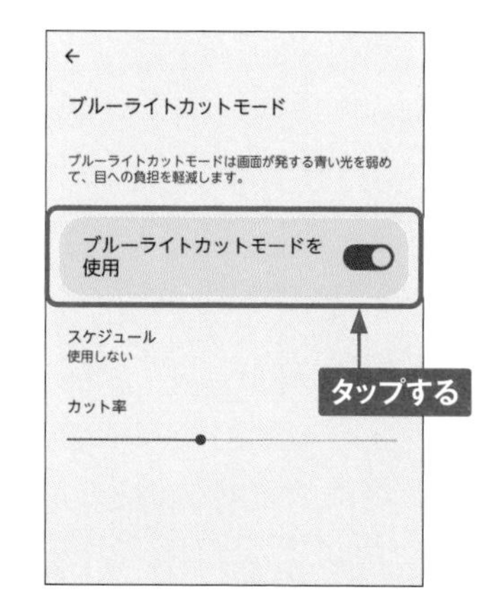

●消灯までの時間を変更する

1 P.172手順②の画面で［画面消灯］をタップします。

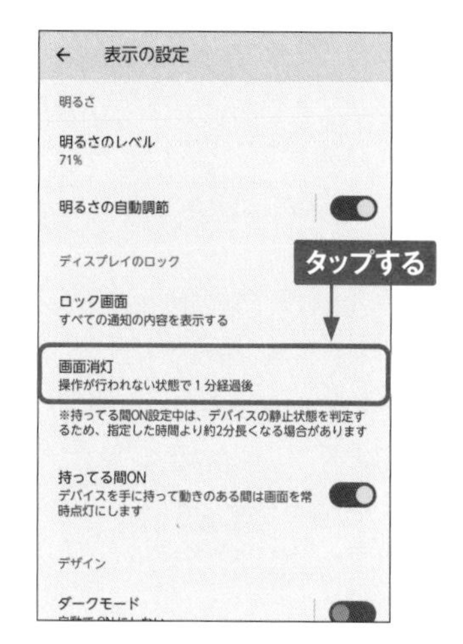

2 時間をタップすると、消灯までの時間を変更できます。

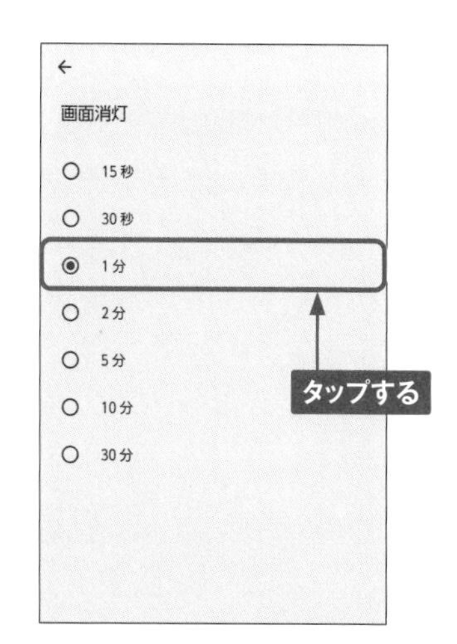

Section 61

スクリーンショットを撮影する

地図やWebページなどはスクリーンショットを利用して画面をそのまま画像として保存すると書き写したり間違えたりすることがなく快適です。撮影したスクリーンショットの保存場所も覚えておきましょう。

スクリーンショットで画面を保存する

1 保存したい画面を表示します。

2 電源ボタンと音量キーの下側を同時に押します。

3 画面がスクリーンショットとして保存されます。

4 保存したスクリーンショットは続けて編集や共有を行えます。

スクリーンショットを確認する

① 撮影したスクリーンショットは、画像として保存されています。ホーム画面で をタップします。

② 画面下部の［ライブラリ］をタップします。

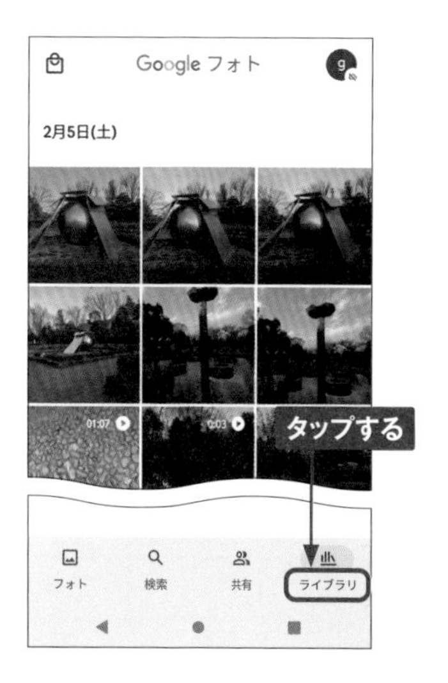

③ ［Screenshots］フォルダをタップします。

④ 保存しているスクリーンショットが表示されます。スクリーンショットは、写真などと同様に編集や削除が可能です。

7

Section 62

アプリのアクセス許可を変更する

Application

アプリの初回起動時にアクセスを許可していない場合、アプリが正常に動作しないことがあります（P.20MEMO参照）。ここでは、アプリのアクセス許可を変更する方法を紹介します。

アプリのアクセスを許可する

1 アプリ一覧画面で［設定］をタップし、［アプリ］をタップします。

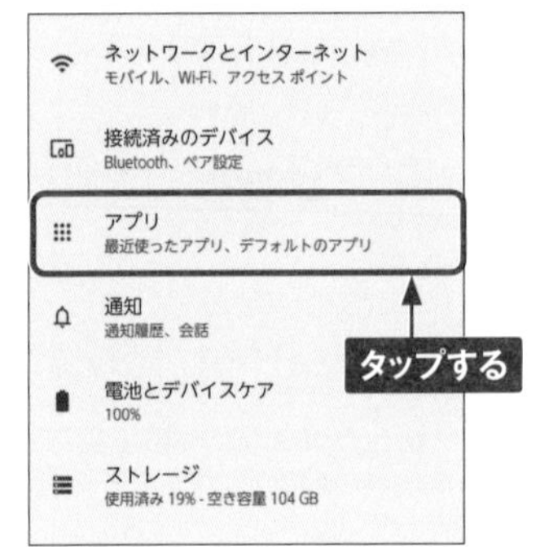

2 ［○○個のアプリをすべて表示］をタップします。

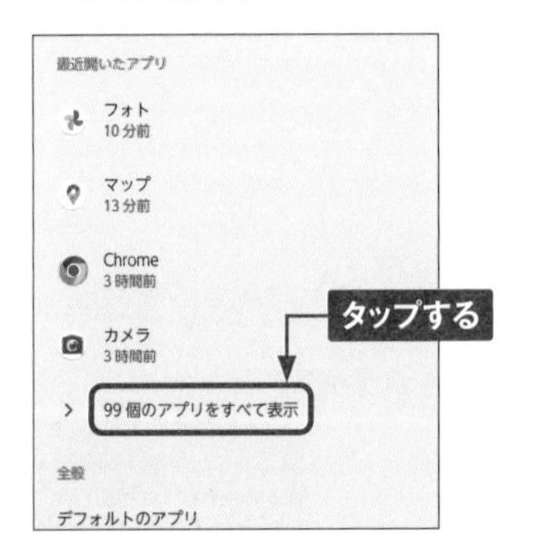

3 「アプリ情報」画面が表示されたら、アクセス許可を変更したいアプリ（ここでは［カレンダー］）をタップします。

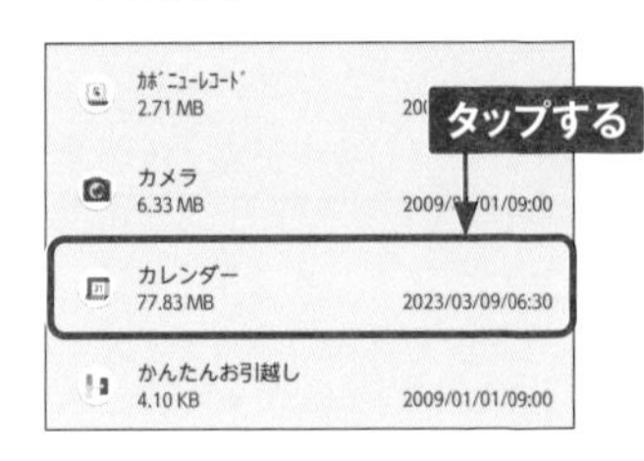

4 選択したアプリの「アプリ情報」画面が表示されたら［権限］をタップします。

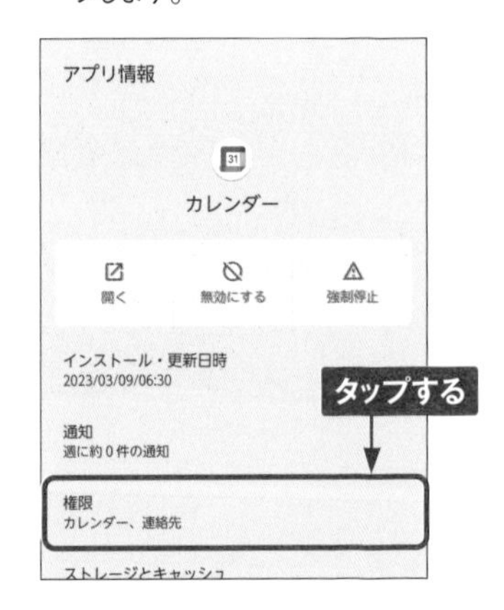

5 「アプリの権限」画面が表示されます。ここでは［位置情報］をタップします。

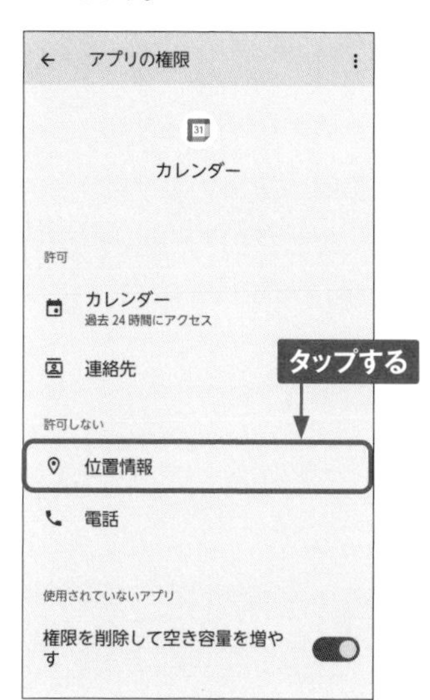

6 ［アプリの使用中のみ許可］をタップして、←をタップします。

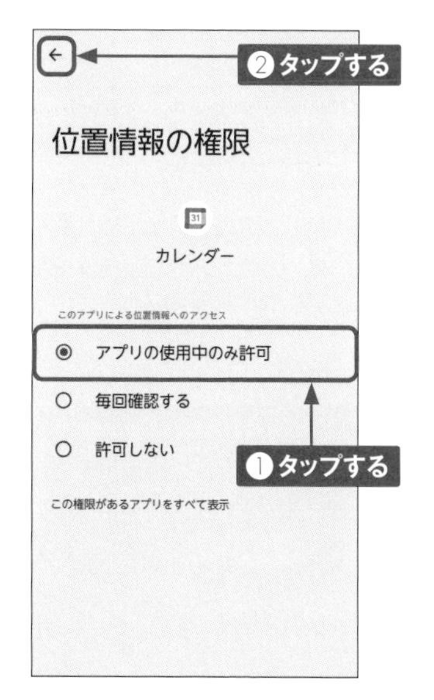

7 「位置情報」が許可されました。

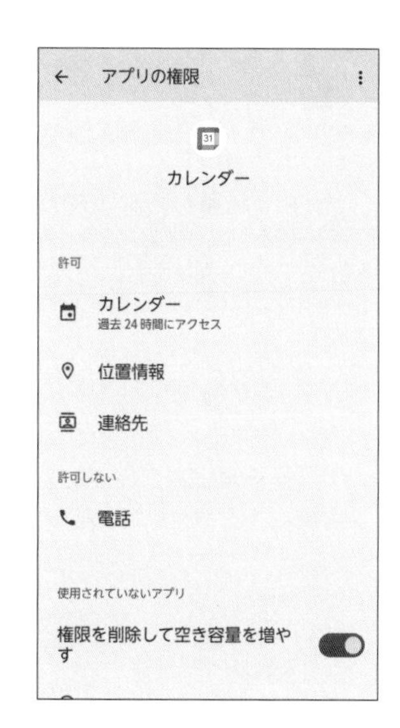

MEMO **アプリのストレージとキャッシュの削除**

P.178手順④の画面で［ストレージとキャッシュ］をタップすると、「ストレージ」画面が表示されます。［ストレージを消去］や［キャッシュを削除］をタップすると、アプリを初期化できます。

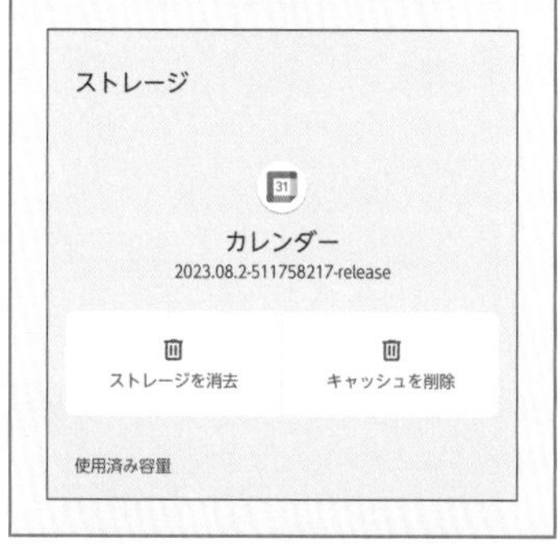

Section 63

アラームをセットする

アラーム機能を利用することができます。指定した時刻になるとアラーム音やバイブレーションで教えてくれるので、目覚ましや予定が始まる前のリマインダーなどに利用できます。

アラームで設定した時間に通知する

1 P.20を参考にアプリ一覧画面を表示し、[ツール] → [時計] をタップします。

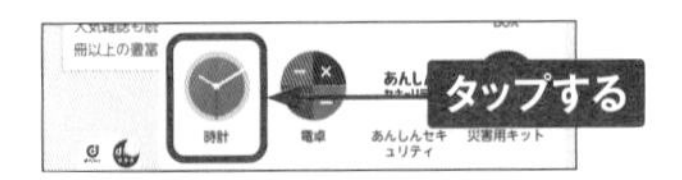

2 [アラーム] をタップして、+をタップします。

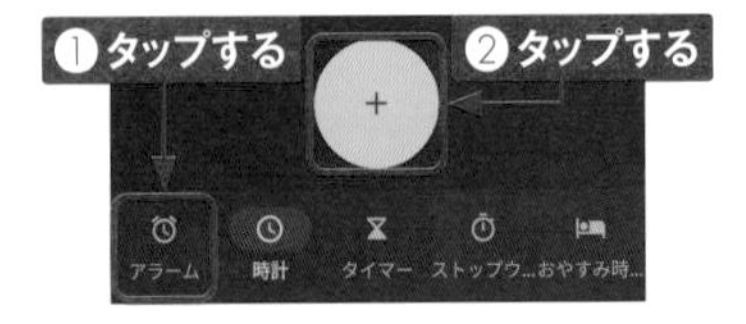

3 時刻を設定して、[OK] をタップします。

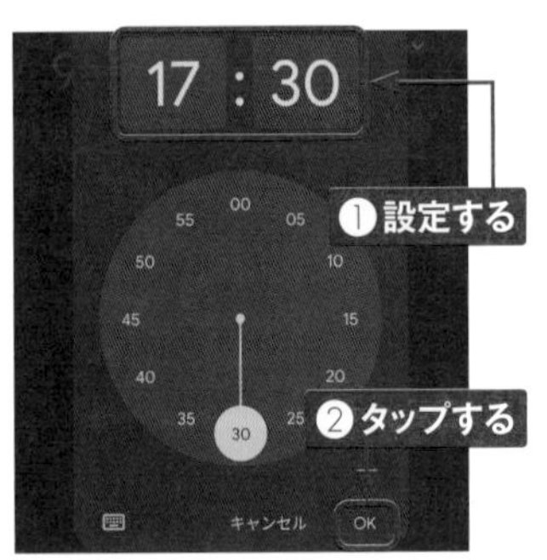

4 アラーム音などの詳細を設定する場合は、各項目をタップして設定します。

5 指定した時刻になると、アラーム音やバイブレーションで通知されます。⏰を右方向にドラッグするか、[ストップ] をタップすると、アラームが停止します。

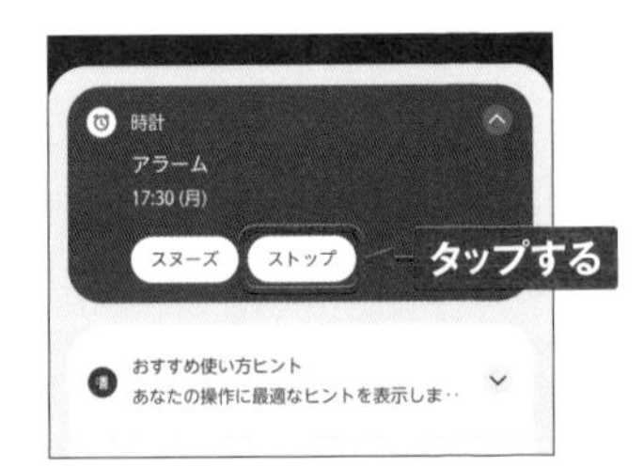

Section 64

フォントサイズを変更する

画面に表示する文字（フォント）の大きさは、変更することができます。文字が小さくて読みづらいという場合は、フォントを大きくしてみましょう。

フォントの大きさを変更する

1 アプリ一覧画面で［設定］をタップし、［表示の設定］をタップします。

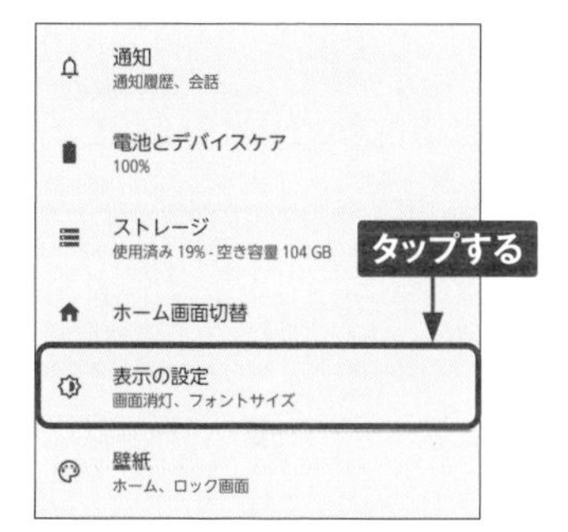

2 ［詳細設定］→［フォントサイズ］をタップします。

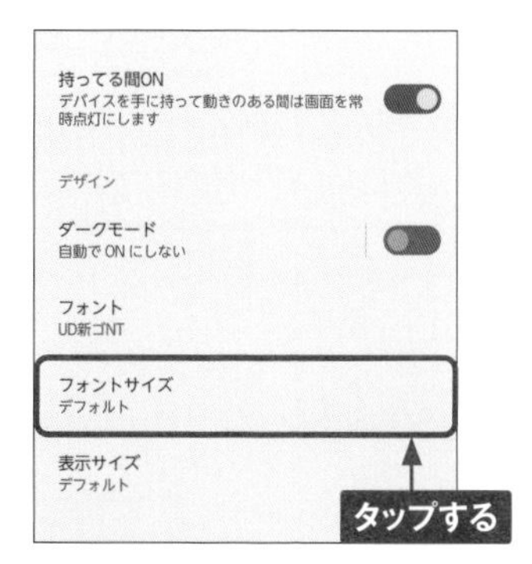

3 「フォントサイズ」画面が表示されるので、下部にあるスライダーを左右にドラッグして、フォントの大きさを変更します。結果は画面上で確認することができます。

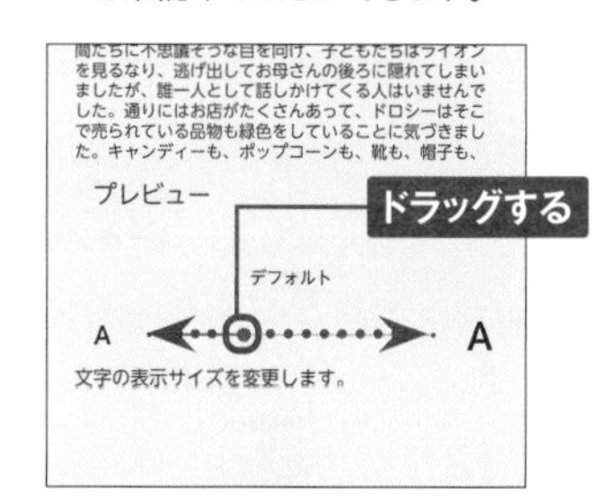

4 フォントの大きさが変更されます。

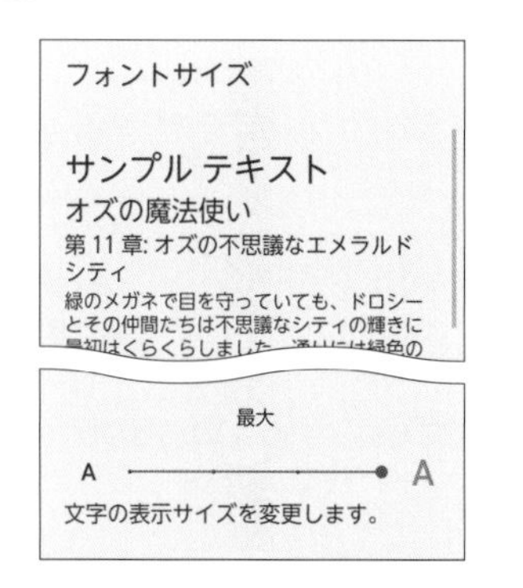

7

Section 65

Wi-Fiを設定する

自宅のアクセスポイントや公衆無線LANなどのWi-Fiネットワークがあれば、モバイル回線を使わなくてもインターネットに接続して、より快適に楽しむことができます。

Wi-Fiに接続する

1 アプリ一覧画面で［設定］をタップし、［ネットワークとインターネット］をタップします。

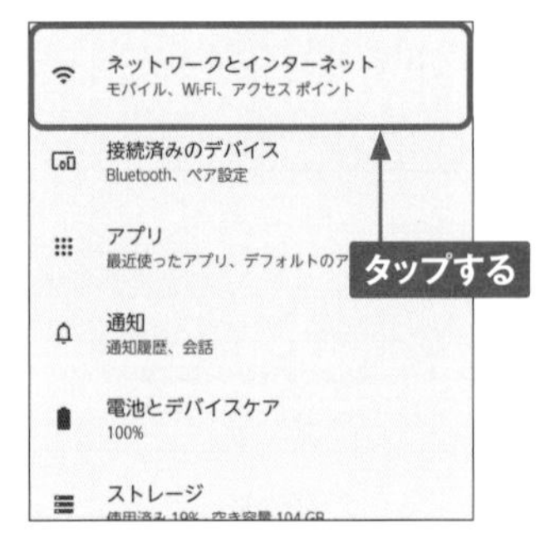

2 「Wi-Fi」が の場合は、タップしてにします。［Wi-Fi］をタップします。

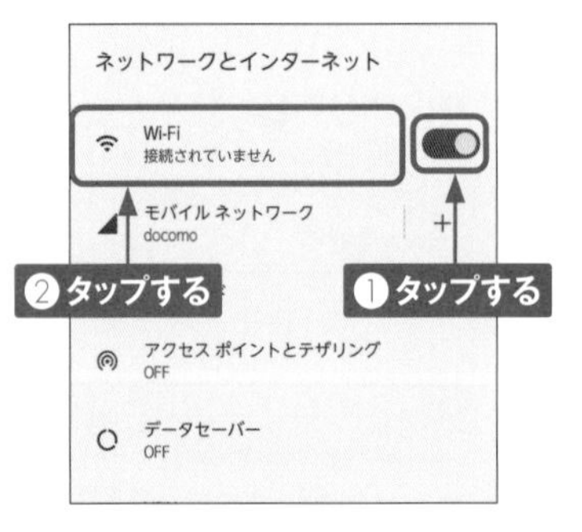

3 接続先のWi-Fiネットワークをタップします。

4 パスワードを入力し、［接続］をタップすると、Wi-Fiネットワークに接続できます。

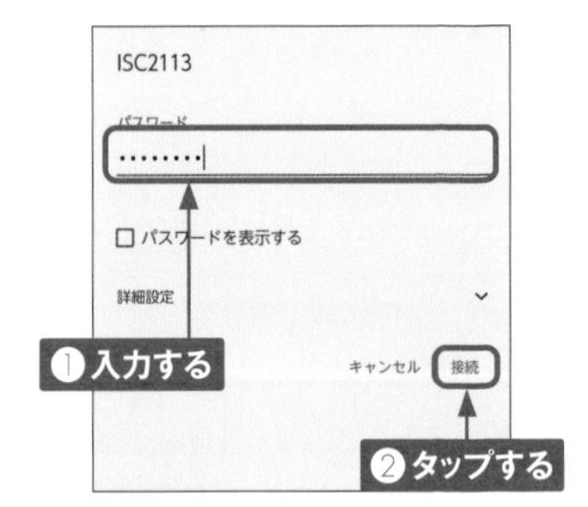

Wi-Fiネットワークを追加する

① Wi-Fiネットワークに手動で接続する場合は、P.182手順③の画面を上方向にスライドし、画面下部にある［ネットワークを追加］をタップします。

② 「ネットワーク名」を入力し、「セキュリティ」の項目をタップします。

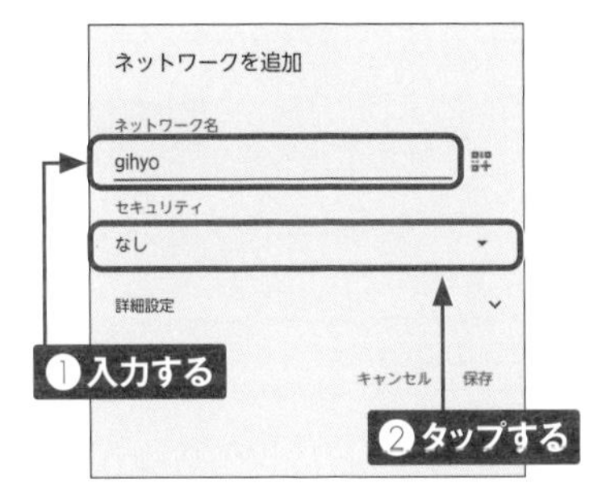

③ 適切なセキュリティの種類をタップして選択します。

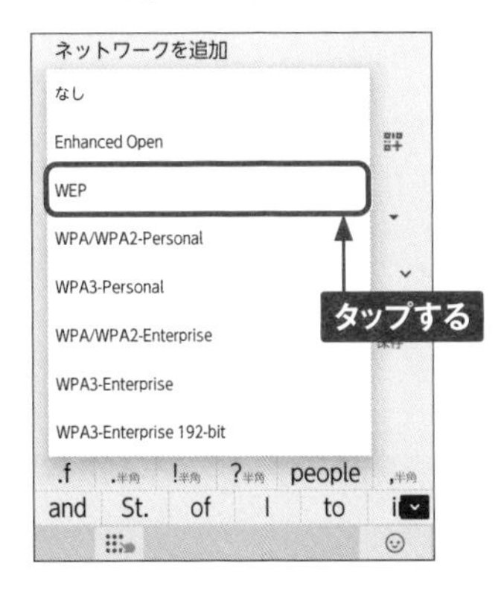

④ 「パスワード」を入力して［保存］をタップすると、Wi-Fiネットワークに接続できます。

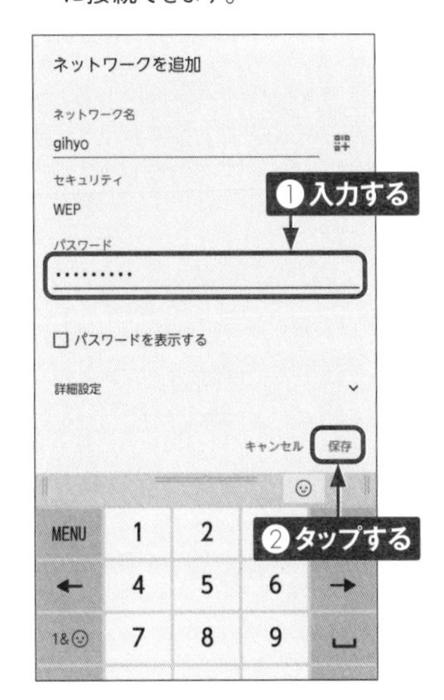

MEMO Wi-Fiの接続設定を削除する

Wi-Fiの接続設定を削除したいときは、P.182手順③で接続済みのWi-Fiネットワークをタップして、［削除］をタップします。

7

Section 66

Wi-Fiテザリングを利用する

「Wi-Fiテザリング」は、モバイルWi-Fiルータとも呼ばれる機能です。F-51Cを経由して、最大10台までのパソコンやゲーム機などを同時にインターネットにつなげることができます。

Wi-Fiテザリングの設定を行う

1 「設定」アプリで［ネットワークとインターネット］をタップします。

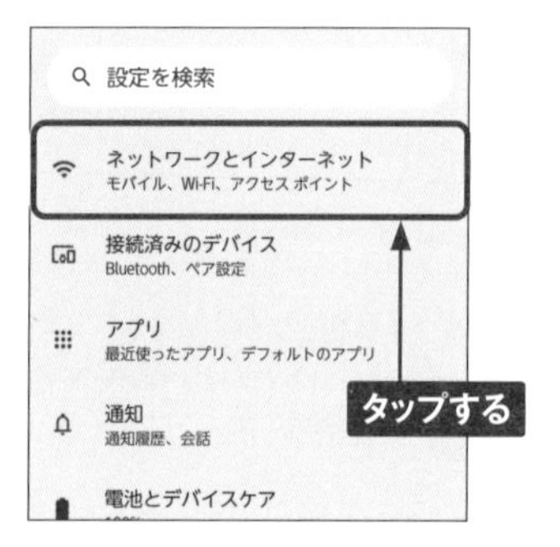

2 ［アクセスポイントとテザリング］をタップします。

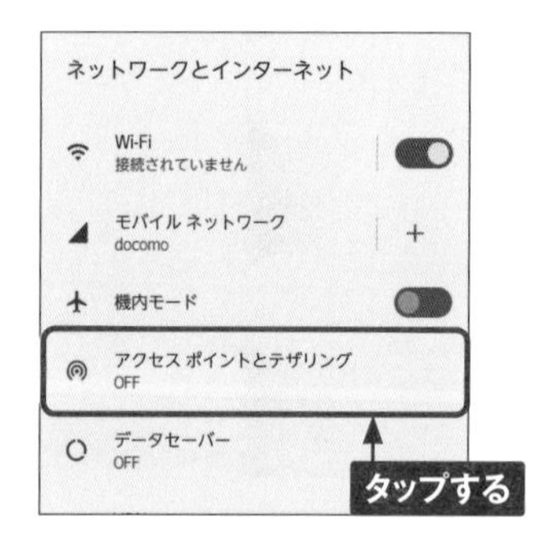

3 ［Wi-Fiアクセスポイント］をタップします。

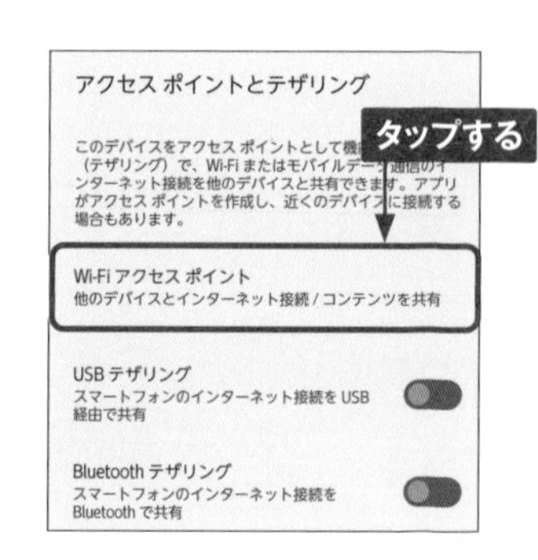

4 ［アクセスポイント名］をタップし、任意の名前を入力して、［OK］をタップします。

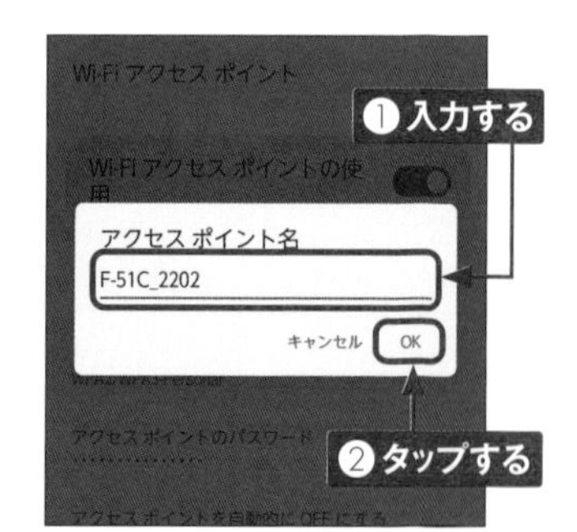

5 [アクセスポイントのパスワード]をタップし、任意のパスワードを入力して、[OK] をタップします。

6 [Wi-Fiアクセスポイントの使用]をタップします。

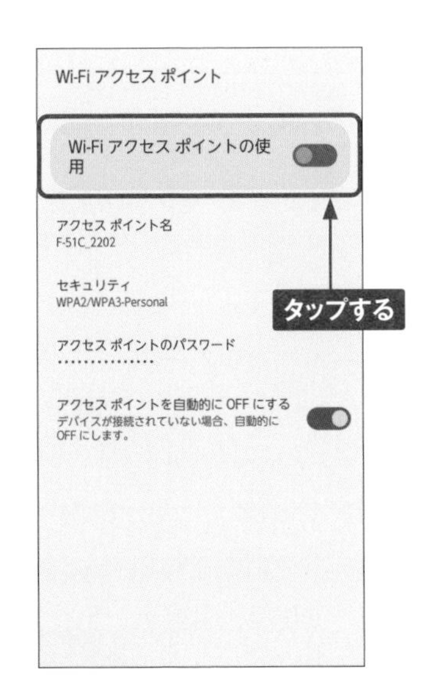

7 「ON」になりました。ほかのスマホやパソコンなどからWi-Fi接続を行うには、手順⑤で設定したパスワードを入力して接続を行います。

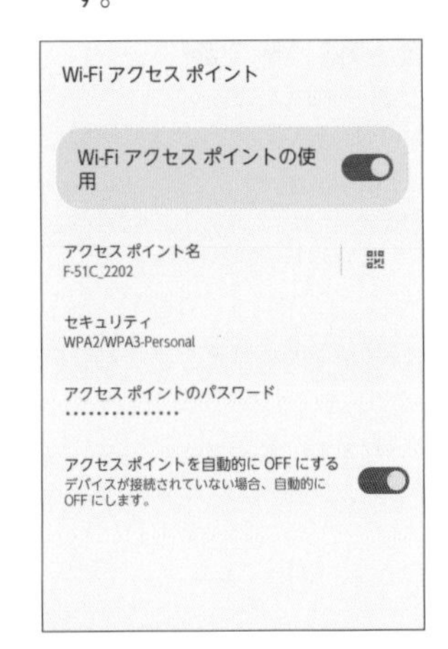

MEMO Wi-Fiテザリングの終了

Wi-Fiテザリング利用中にステータスバーを下にフリックし、通知パネルを開き、パネルスイッチの[アクセスポイント] をタップすると、テザリングを終了できます。

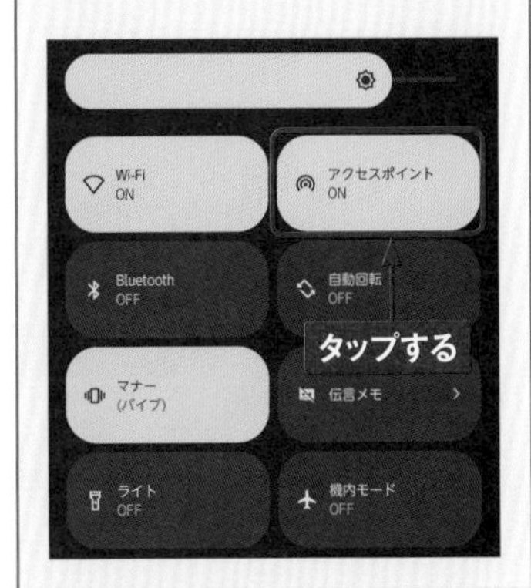

7

Section 67

Bluetooth機器を利用する

Bluetooth対応のデバイスと接続して、連携させることができます。なお、あらかじめ接続するデバイスを使用可能な状態にしておく必要があります。

Bluetooth機器とペアリングする

1 アプリ一覧画面で［設定］をタップし、［接続済みの端末］をタップします。

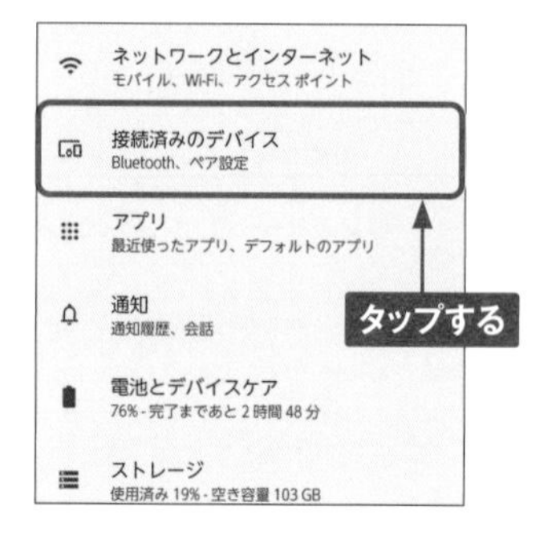

2 ［接続の設定］をタップします。続けて［Bluetooth］をタップします。

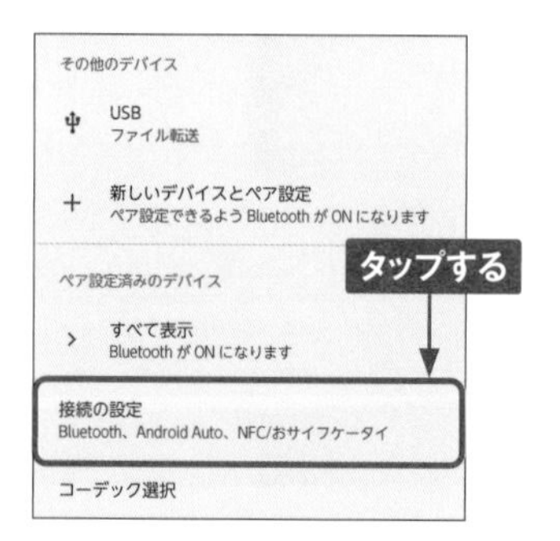

3 「Bluetooth」画面が表示されます。［Bluetoothを使用］をタップします。

4 Bluetoothがオンになります。［新しいデバイスとペア設定する］をタップします。

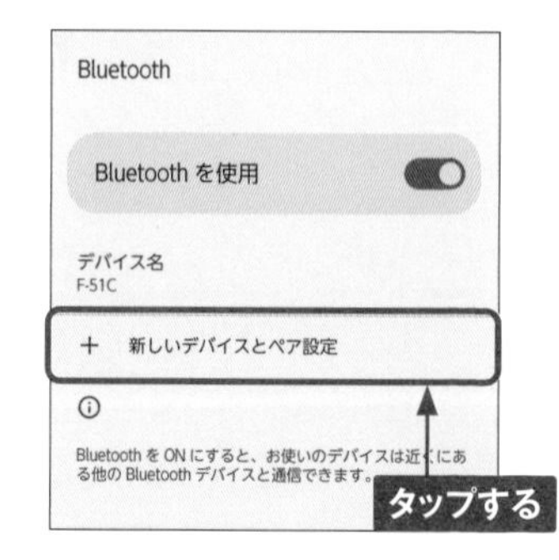

5 接続できるデバイス一覧が表示されるので、接続するデバイス名をタップします。

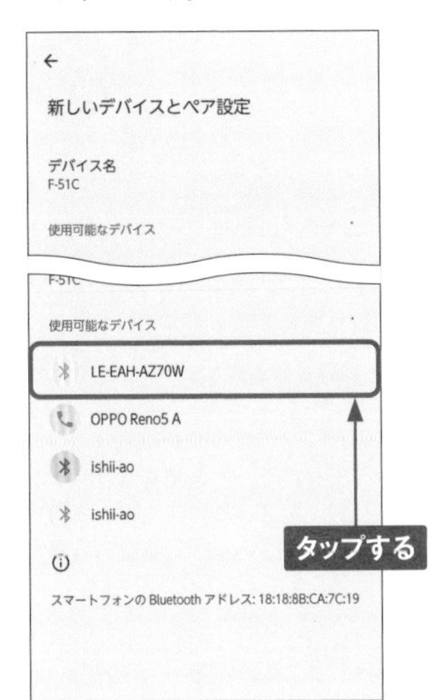

6 「設定確認」画面が表示されるので、［ペア設定する］をタップします。なお、接続する機器によりペア設定コードを入力を求められる場合もあります。

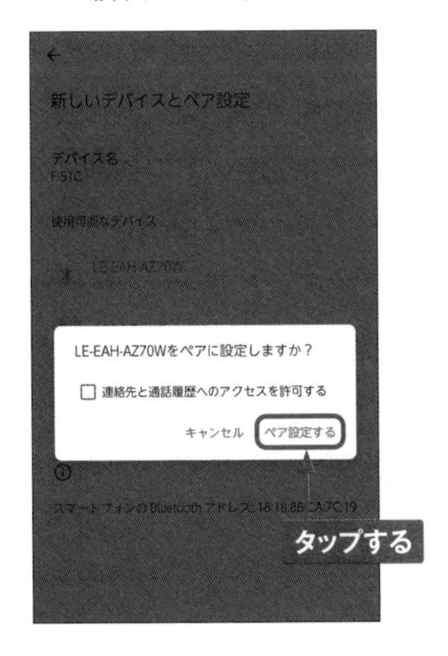

7 「接続済みのデバイス」画面にデバイスが表示されれば、設定完了です。

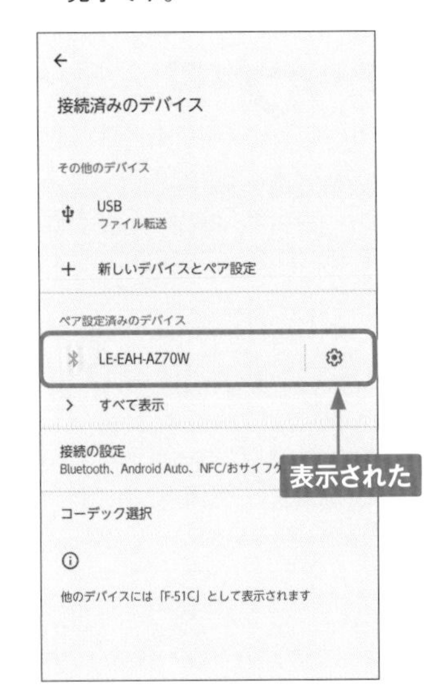

MEMO ペアリング設定の解除

手順7の画面を表示し、接続を解除したいデバイス名をタップし、［削除］→［このデバイスとのペア設定を解除］をタップすると、接続が解除されます。

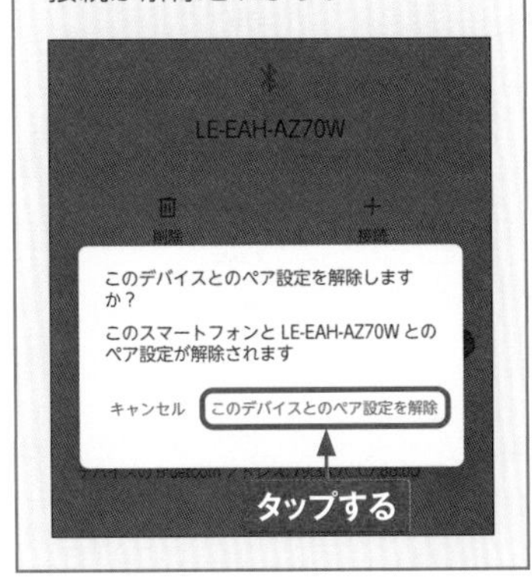

Section 68

F-51Cを アップデートする

F-51C本体のソフトウェア「Android」は最新版にアップデートすることができます。ソフトウェア更新を行う際は、念のためデータのバックアップを行っておきましょう。

システムアップデートを確認する

1 「設定」アプリで［システム］をタップします。

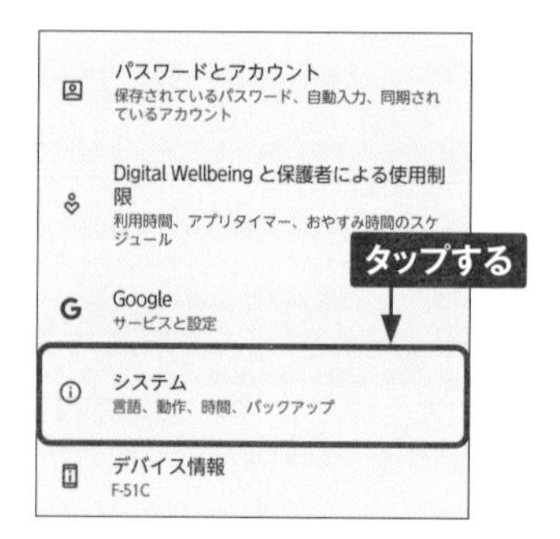

2 ［システムアップデート］をタップします。

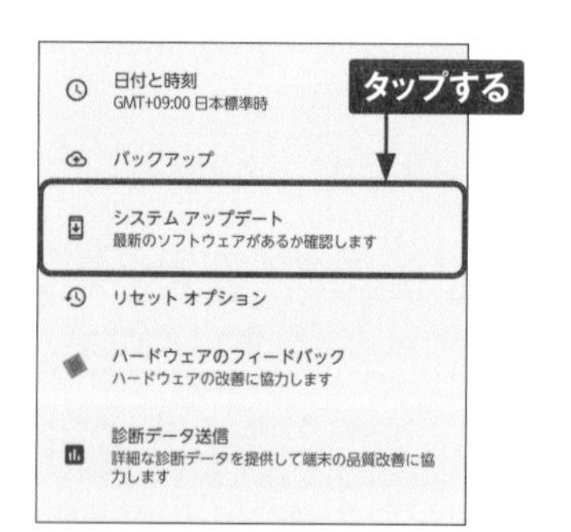

3 アップデートがある場合は指示された手順に従い、アップデートを行います。［アップデートをチェック］をタップすると、システムのアップデートがあったか確認できます。

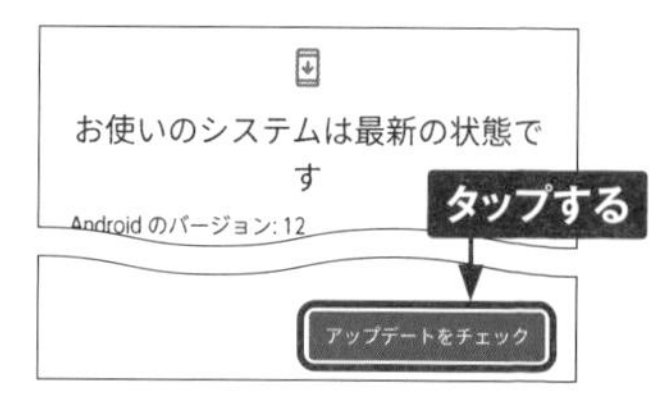

MEMO Androidのバージョン

手順①の画面で［デバイス情報］をタップすると、現時点でのAndroidのバージョンを確認することができます。

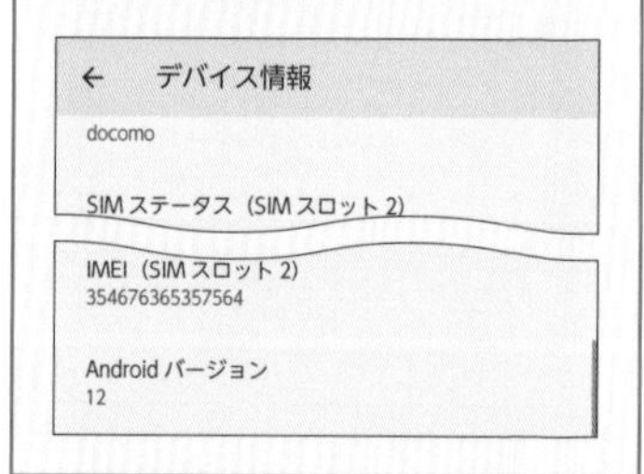

Section 69

F-51Cを初期化する

F-51Cの動作が不安定なときや、使わなくなって譲渡や廃棄をするときは初期化します。初期化する前に、大事なデータはパソコンなどにバックアップしておきましょう。

F-51Cを初期化する

1 P.188手順②の画面で［リセットオプション］をタップします。

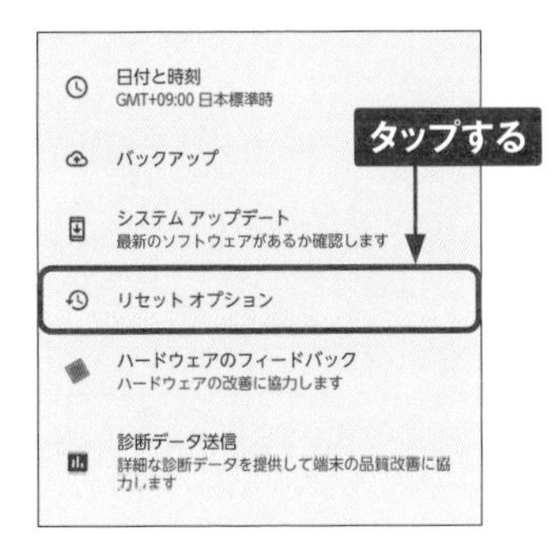

2 ［全データを消去（出荷時リセット）］をタップします。

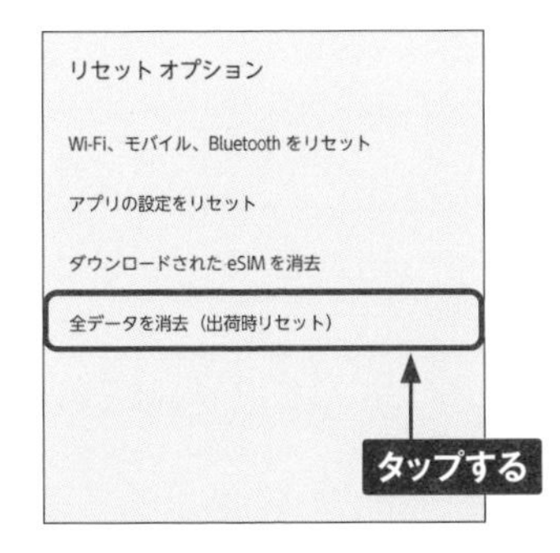

3 ［すべてのデータを消去］をタップします。暗証番号の入力が必要になることがあります。

4 ［すべてのデータを消去］をタップすると、初期化が始まります。

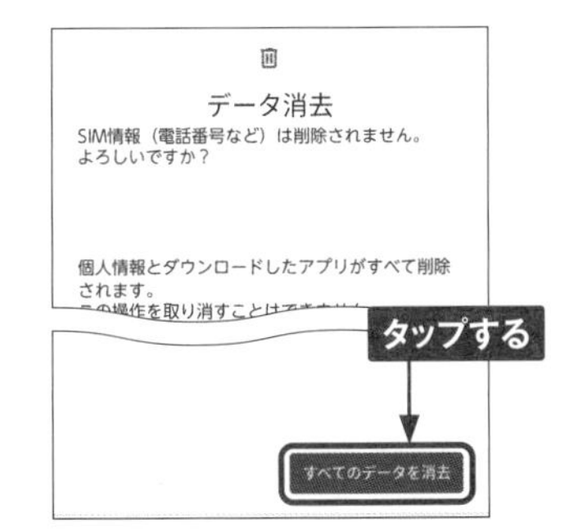

7

索引

記号・数字・アルファベット

あ行

か行

さ行

た行

な・は行

ま・や・ら行

お問い合わせについて

本書に関するご質問については、本書に記載されている内容に関するもののみとさせていただきます。本書の内容と関係のないご質問につきましては、一切お答えできませんので、あらかじめご了承ください。また、電話でのご質問は受け付けておりませんので、必ずFAX か書面にて下記までお送りください。
なお、ご質問の際には、必ず以下の項目を明記していただきますようお願いいたします。

1 お名前
2 返信先の住所または FAX 番号
3 書名
（ゼロからはじめる　ドコモ　arrows N F-51C スマートガイド）
4 本書の該当ページ
5 ご使用のソフトウェアのバージョン
6 ご質問内容

なお、お送りいただいたご質問には、できる限り迅速にお答えできるよう努力いたしておりますが、場合によってはお答えするまでに時間がかかることがあります。また、回答の期日をご指定なさっても、ご希望にお応えできるとは限りません。あらかじめご了承くださいますよう、お願いいたします。ご質問の際に記載いただきました個人情報は、回答後速やかに破棄させていただきます。

■ お問い合わせの例

FAX

1 お名前
技術　太郎

2 返信先の住所または FAX 番号
03-XXXX-XXXX

3 書名
ゼロからはじめる　ドコモ
arrows N F-51C
スマートガイド

4 本書の該当ページ
38ページ

5 ご使用のソフトウェアのバージョン
Android 12

6 ご質問内容
手順３の画面が表示されない

お問い合わせ先

〒162-0846
東京都新宿区市谷左内町 21-13
株式会社技術評論社　書籍編集部
「ゼロからはじめる　ドコモ　arrows N F-51C スマートガイド」質問係
FAX 番号　03-3513-6167
URL：https://book.gihyo.jp/116/

ゼロからはじめる **ドコモ　arrows（アローズ） N（ネヌ） F-51C（エフゴーイチシー） スマートガイド**

2023 年 5 月 12 日　初版　第 1 刷発行

著者……………………技術評論社編集部（ぎじゅつひょうろんしゃへんしゅうぶ）
発行者…………………片岡　巌
発行所…………………株式会社　技術評論社
東京都新宿区市谷左内町 21-13
電話……………………03-3513-6150　販売促進部
03-3513-6160　書籍編集部
編集……………………原田　崇靖
装丁……………………菊池　祐（ライラック）
本文デザイン・DTP……BUCH+
製本／印刷……………図書印刷株式会社

定価はカバーに表示してあります。

落丁・乱丁がございましたら、弊社販売促進部までお送りください。交換いたします。

ISBN978-4-297-13503-4 C3055

Printed in Japan